미국 중학교 교과서에서
사용하는

수학용어 사전

Dictionary of Mathematical Terms

장혜원 · 이지영 지음

KYOWOO

일 러 두 기

1. 이 책은 Illustrative Mathematics(IM) 교과서(https://curriculum.illustrativemathematics.org/)에서 제시한 중학교, 고등학교 수학 용어를 기반으로 선정된 용어들에 대해 다음과 같은 요소로 구성하였습니다: 뜻, 설명, 기호, 시각적 표현, 예, IM 교과서 사례, CCSSM Progression Draft 사례. 이 요소 중 각 용어에 따라 해당 없는 것은 생략하고 선택적으로 작성하였습니다.

2. 수학 용어가 미국 현지에서 어떻게 활용되고 있는지를 경험할 수 있도록 미국 교육과정 문서인 CCSSM을 기반으로 구성된 학습 자료 IM 교과서로부터 용어가 출현하는 맥락을 선정하여 제시하였습니다. IM 교과서에 적절한 맥락이 없거나 보충 설명이 필요한 경우, CCSSM의 Progression Draft (https://achievethecore.org/page/254/progressions-documents-for-the-common-core-state-standards-for-mathematics)로부터 예를 찾아 인용하였습니다.

3. 사전적 구성에 적합하게 영어의 알파벳 순으로 배열하여 검색의 용이성을 강화하였습니다. 또한 부록의 [찾아보기]를 통해 검색의 기능을 최대한 활용할 수 있습니다.

머리말

수학은 자연의 언어(language of nature)라고 합니다. 17세기 이탈리아 과학자 갈릴레오가 "Mathematics is the language in which God has written the universe." 라고 말했다고 전해지는데, 그만큼 수학이 세상을 설명하는 데 필수적인 도구라는 것을 나타냅니다. 같은 맥락에서 수학은 과학의 언어(language of science)라고도 합니다. 과학적 현상을 묘사하기 위해 수학이라는 언어를 빌어와서 사용하기도 하고, 수학적 탐구가 과학적 발견을 이끌기도 합니다. 뉴턴이나 아인슈타인이 힘과 가속도의 관계나 특수 상대성 원리를 구구절절이 말로 설명하지 않아도 단 하나의 식 $F=ma$나 $E=mc^2$로 표현함으로써 의도한 과학적 원리를 표현한 것이 대표적인 사례이고, 태양의 8번째 행성인 해왕성은 관측이 아닌 수학적 계산에 힘입어 발견되었다는 사실도 이를 보여줍니다.

일반적으로 수학을 일종의 언어로 간주하는 수학자들도 있습니다. 언어는 의미, 문법 등을 기초로 한 기호 체계로서 의사소통을 기본 기능으로 하는데, 수학이 바로 그러한 조건을 모두 충족하기 때분입니다. 실제로 우리가 수학 공부를 할 때 수학 용어의 의미만 정확히 알아도 많은 부분에 대한 이해가 가능하고 문제를 해결할 수도 있습니다. 그만큼 수학에서 용어는 중요한 역할을 하며, 그 의미를 명확하게 이해하는 것은 수학 공부의 핵심이라 할 수 있습니다.

한편 수학은 보편적 언어라고도 합니다. 우리가 인도어를 모르면 인도의 소설책을 읽을 수 없어 그 내용을 전혀 파악할 수 없지만, 인도의 수학 교과서는 (소설책에 비하면) 책의 내용을 대강 파악할 수 있습니다. 수학적 기호인 특별한 언어가 사용되기 때문입니다. 인도의 수학 교과서를 펼쳤는데, $(ax+b)(cx+d)=acx^2+(ad+bc)x+bd$가 보이고 그와 유사한 형태를 띤 식들을 만나면 아마도 다항식의 전개와 관련된 단원일 것이라고 추측할 수 있습니다. 이렇듯 수학적 과거나 현재나, 세계 어느 곳에서도 크게 다르지 않은 수학적 기호와 의미로 통용된다는 점에서 보편적이라고 말합니다.

이렇듯 수학의 언어는 일상 언어에 비해 보편성을 띠고 있다고 할 수 있지만, 동일 의미를 표현하는 수학적 용어가 언어에 따라 용어의 의미를 완전히 전달하지 못하거나 상대적으로 다른 경우도 허다합니다. 소수를 예로 들어봅시다. 한국어의 소수는 두 가지 수학적 의미를 지니는 용어입니다. 영어에서는 이 의미를 각각 decimal(소수점을 사용하여 나타낸 수)과 prime number(1과 자기 자신만을 약수로 갖는 수)로 구분하여 사용합니다. 또한, 미국 학교 수학에서는 whole number라는 용어를 흔히 사용하는데, 이는 0과 자연수를 포함하는 수의 집합입니다. 반면, 한국 수학에서는 이와 정확히 대응하는 용어가 없습니다. 수학 용어와 일상 언어 간의 차이도 존재합니다. 예를 들어 영어 function은 수학에서 함수를 의미하지만, 일상적으로는 기능이라는 의미를 갖습니다.

미국의 수학교육은 단순히 용어의 차이뿐만 아니라 여러 면에서 한국과 다릅니다. 먼저, 미국에는 국가 차원의 교육과정(national standards)이 없습니다. 공립교육은 각 주 정부가 관리하며, 이로 인해 50개 주마다 교육과정이 다릅니다. 반면, 한국은 국가 차원의 교육과정에 따라 전국의 학생이 동일한 기준으로 수학을 배우기 때문에 두 나라의 교육 방식은 크게 대비됩니다. 특히, 다수의 주가 CCSSM을 2013년에 도입하기 전까지, 주마다 교육과정에 큰 차이가 있었습니다. 각 주의 교육과정을 모두 반영하기 위해 교과서가 점점 두꺼워지고 비싸지는 문제도 발생했습니다. 또한, 미국에서는 하나의 수학 용어에 대해 여러 정의를 사용하는 경우가 많습니다. 예를 들어, 사다리꼴은 (1) 한 쌍의 변만 평행한 경우, (2) 최소한 한 쌍의 변이 평행한 사각형이라는 두 가지 정의가 모두 사용됩니다.

이런 교육과정의 격차를 줄이기 위해, 전미 수학 교사 협회(National Council of Teachers of Mathematics: NCTM)는 1989년 이후 두 차례에 걸쳐 모든 주가 사용할 수 있는 통합적인 수학교육과정을 발표했습니다. 유럽의 몇 국가들이 NCTM 교육과정을 받아들이는 중에도 정작 미국에서는 어느 주에서도 이를 채택하지 않았습니다. 그러나 NCTM 교육과정을 기반으로 만들어진 CCSSM은 현재 알래스카와 텍사스 등을 제외한 40개 이상의 주에서 도입되어 다양한 방식으로 활용되고 있습니다. 따라서 CCSSM은 현재 미국 수학교육과정을 이해하는 데 가장 유용한 기준으로 볼 수 있습니다. 사용자들의 이해를 돕기 위해 CCSSM의 저자들은 CCSSM Progression Drafts라는 설명서를 만들어, 교육과정에 포함된 수학 개념을 어떻게 이해하고 가르쳐야 하는지 안내하고 있습니다. 이 책에 포함된 수학 용어는 CCSSM과 CCSSM Progression Drafts를 기반으로 정의와 예를 제공합니다.

이 사전은 수학을 공부하는 중학생이나 고등학생, 또는 수학에 관심 있는 누구든지 영어로 표현된 수학 용어를 더 쉽게 이해할 수 있도록 돕기 위해 만들어졌습니다. 이 책은 영어로 표현된 수학 용어의 의미를 설명하고 대응하는 한국어 용어를 소개함으로써 수학 용어의 영어 표현에 익숙하고 영어로 된 수학 용어를 자연스럽게 사용할 수 있도록 돕기 위해 쓰인 책입니다. 이와 같은 의도를 극대화하기 위해 몇 가지 방안을 구상해보았습니다.

첫째, 수학 용어가 미국에서 사용되는 수학 교과서에서 어떻게 다루어지고 있는지를 담고 있습니다. 언어학의 한 분야인 화용론의 관점에서 보면 단어와 문장은 고정된 의미를 가지는 것이 아니라 사용되는 상황이나 맥락에 따라 의미가 변화할 수 있습니다. 따라서 언어의 의미를 충실히 이해했다는 것은 사용 맥락에 따라 단어나 문장의 의미를 해석할 수 있고, 언어 학습은 용어의 의미가 통용되는 적합한 상황에서 적절하게 사용함으로써 이루어진다는 것을 의미하기도 합니다. 따라서 이 책은 수학 용어 자체의 의미와 함께 Illustrative Mathematics라는 교과서를 용어 사용 맥락으로 활용했습니다. 용어마다 마지막 부분에 IM이라고 써서 제시한 용례입니다. 이 점이 이 책을 유사한 유형의 다른 책과 구별 짓는 가장 뚜렷한 특성이라 할 수 있습니다.

둘째, 시각적 표현을 적극 활용하였습니다. 복잡한 수식으로 가득한 수학책으로 답답하다가도 그것을 설명하거나 예시한 그림이 등장하면 반갑고 이해하기 쉬웠던 경험이 있을 것입니다. 실제로 수학자들은 위대한 수학적 발견에 앞서 그림을 그리면서 아이디어를 정교화해나갔고, 어려운 수학 개념과 이론을 설명하기 위해 그것을 시각적 표현으로 나타내는 것은 수학자 및 수학교육자가 흔히 사용하는 전략입니다. 이 책에서도 용어의 의미를 시각적으로 표현함으로써 좀 더 쉽게 설명할 것을 의도하였습니다.

셋째, 앞서 설명한 용어의 활용 맥락 외에 용어의 사례를 함께 제시하였습니다. 수학은 학문 자체가 추상성을 특징으로 합니다. 수학적 개념은 구체적인 개별 사례들로부터 일반화시켜 추출한 성질을 추상화한 대상이기 때문입니다. 추상적이라는 특성은 머릿속 아이디어로 처리를 간단하게 하도록 한다는 장점도 있지만, 수학적 배우는 입장에서는 너무 어렵게 느껴지는 것 또한 사실입니다. 수학 용어의 정의 또한 설명만으로는 추상성의 한계를 벗어나기 어려울 때가 많습니다. 그래서 각 용어의 예를 제시하여 용어의 뜻을 이해하는 데 한층 접근하기 쉽게 하였습니다.

이 책에 나온 수학 용어의 한국어와 영어 표현에 대한 앎을 통해 여러분의 수학 공부가 한층 활기차고 폭넓게 뻗어나갈 것을 기대하고 응원합니다. 책이 나오기까지 애써주신 교우사 편집진에게도 감사의 뜻을 전합니다.

2025년 푸른 봄날에 저자씀

C·O·N·T·E·N·T·S

A

absolute value

절댓값 [▶ opposite 참고]

뜻 어떤 수의 절댓값은 수직선(number line)에서 그 수를 나타내는 점과 원점 사이의 거리를 말한다.

설 명

- 0의 절댓값은 0이고, 어떤 수이든지 절댓값은 0 이상이다.
- 0이나 양수는 그 자체가 절댓값이고, 음수는 반수(opposite)가 절댓값이다.

기 호 $|+3|=3$, $|-5|=5$, $|0.2|=0.2$, $|0|=0$

시각적 표현

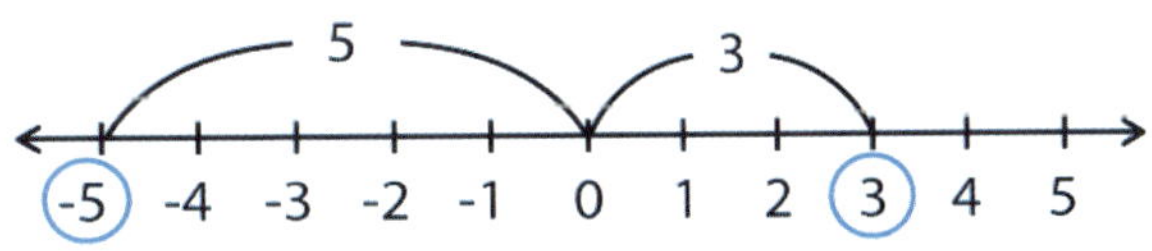

예 -5는 0으로부터 5만큼 떨어져 있으므로 거리가 5, 즉 -5의 절댓값은 5이다. 절댓값이 4인 수는 4와 -4이다.

IM

Problem 1 On the number line, plot and label all numbers with an absolute value of $\frac{3}{2}$.

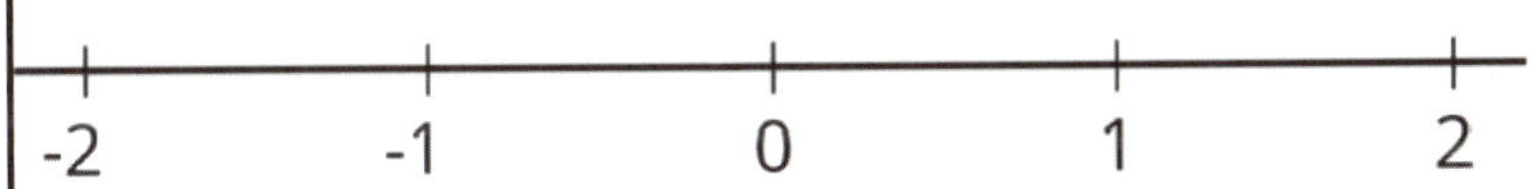

A

adjacent angles

이웃각, 인접각 [complementary angles, supplementary angles 참고]

뜻 서로 이웃하여 한 변과 한 꼭짓점을 공유하는 두 각

설 명

- 미국에서는 adjacent angles중에서 특별한 경우로 complementary angles(여각)와 supplementary angles(보각)를 다룬다. 그러나 complementary angles와 supplementary angles가 반드시 adjacent angles여야 하는 것은 아니다. 예를 들어 평행사변형에서 대각이 아닌 두 각은 합해서 180도이므로 supplementary angles이지만 adjacent angles는 아니다.

- 이웃각은 직각의 정의에서 사용된다. 직각의 크기는 90도이지만 그것이 직각의 정의는 아니다. 직각의 정의는 두 직선이 만날 때 이웃각이 서로 합동인 각이다. 두 직선이 만날 때 맞꼭지각의 크기는 항상 같고, 이웃각까지 같으면 만나서 생기는 네 개의 각은 그 크기가 모두 같다. 그런데 한 바퀴가 360도이므로 $\frac{1}{4}$은 90도가 된다.

- 직각의 정의는 고대 그리스의 수학자 유클리드가 쓴 <원론>에 나온다: 한 직선에 다른 직선을 세웠을 때 이웃한 각이 서로 같으면 그 각을 직각이라 한다. 이때 두 직선은 수직이다.

예 그림에서 각 ABC와 각 DBC는 변 BC와 꼭짓점 B가 공통이므로 이웃각이다. 말 그대로 서로 옆에 이웃하여 위

치하고 있다. 이웃각이 여각(complementary angles)이나 보각(supplementary angles)인 경우를 이용하여 미지의 각도를 추론할 수 있다.

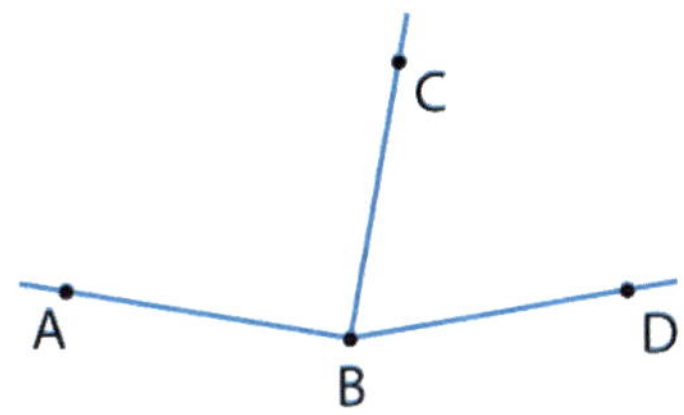

IM

Learning Goals

Teacher Facing

Comprehend the terms "complementary" and "supplementary" (in spoken and written language) as they describe pairs of angles.

Explain (orally and in writing) how to find an unknown angle measure, given adjacent complementary or supplementary angles.

Generalize (orally) that when a straight angle or a right angle is decomposed, the measures of the resulting angles add up to $180°$ or $90°$, respectively.

alternate interior angles

엇각 [▶ transversal 참고]

뜻 두 직선이 다른 한 직선과 만날 때 생기는 각 중에서 두 직선 사이에 있고 두 직선을 가로지르는 선(교차선, transversal)의 반대쪽에 있는 두 각을 말한다. 이때 두 쌍의 엇각이 생긴다.

설 명 일반적으로 두 직선이 다른 한 직선과 만날 때 생기는 상황에서 정의되지만, 특히 두 직선이 평행할 때 관심이 있다. 두 평행선이 다른 한 직선과 만나서 생기는 엇각은 크기가 같고, 이는 평행선의 성질에 해당한다.

예

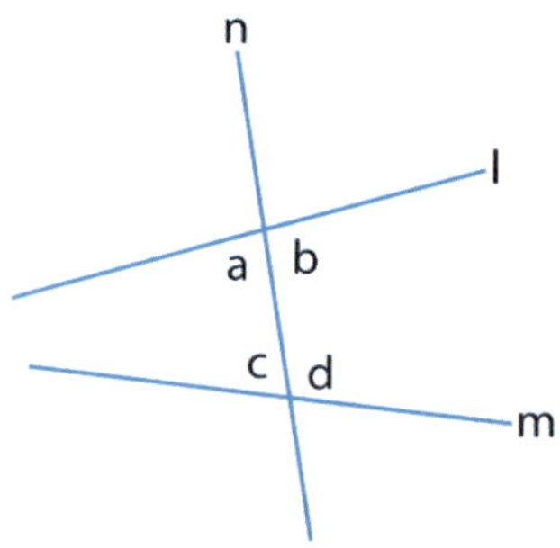

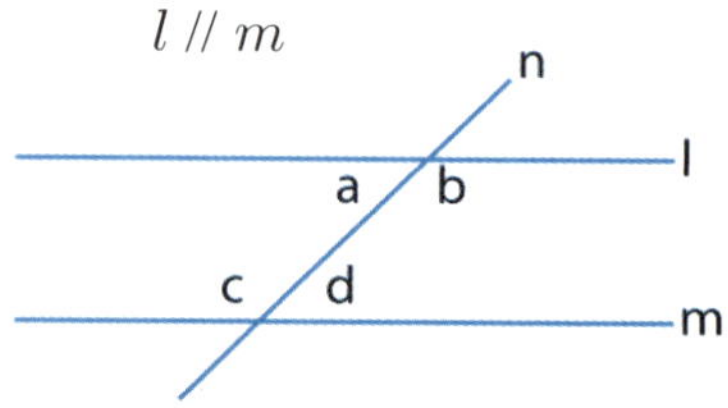

그림에서 직선 l과 m에 대해 직선 n이 지날 때 각 a와 각 d, 각 b와 각 c는 엇각이다. 특히 오른쪽과 같이 두 직선 l과 m이 평행할 때 엇각의 크기는 같다. $l \parallel m$일 때, $\angle a = \angle d$, $\angle b = \angle c$

CCSSM

Showing that dilations preserve angles

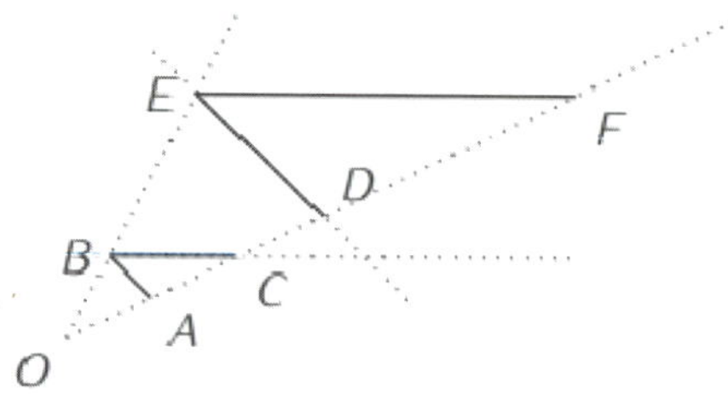

The dilation with center O takes $\angle ABC$ to $\angle DEF$. The line EF is parallel to the line BC. Extending segment ED to a transversal of these two parallel lines and using the fact that alternate interior angles are congruent, we see that $\angle ABC$ is congruent to $\angle DEF$.

A

area of a circle

원의 넓이

뜻 원의 넓이는 모든 평면도형의 넓이와 마찬가지로 원에 단위넓이가 몇 개 포함되는지를 나타낸 측정값이다.

기 호 반지름 r인 원의 넓이: $A=\pi r^2$

설 명

- 다각형과 달리 원은 곡선으로만 이루어진 도형이기 때문에 넓이를 표현할 때 원주율(π)이라는 개념이 필요하다. 원주율은 지름에 대한 원주의 비율로, 원주가 지름의 약 3.14배임을 의미한다.
- 원의 넓이 공식을 도출하는 방법으로 다음과 같은 것이 있다.

(1) 원을 그림과 같이 잘게 잘라서 재배열하면 직사각형 모양에 가까워진다. 무수히 많은 조각으로 자르면 가로가 원주의 반(πr), 세로가 반지름(r)인 직사각형의 넓이와 같은 것으로 간주된다. $\pi r \times r = \pi r^2$

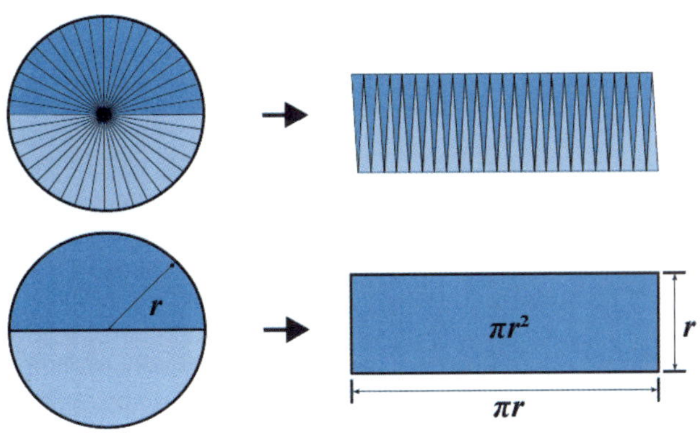

A

(2) 그림과 같이 원에 내접하는 정다각형을 생각해보면 정다각형의 변이 많을수록 원에 근접함을 알 수 있다. 이 정n각형은 밑변이 $\overline{BC}$, 높이가 $\overline{AH}$인 삼각형이 n개 있는 것이므로, 변의 수를 무한히 늘리면 결국 n개 삼각형의 높이($\overline{AH}$)는 r에, 밑변의 합($n \times \overline{BC}$)은 원주에 가까워진다.

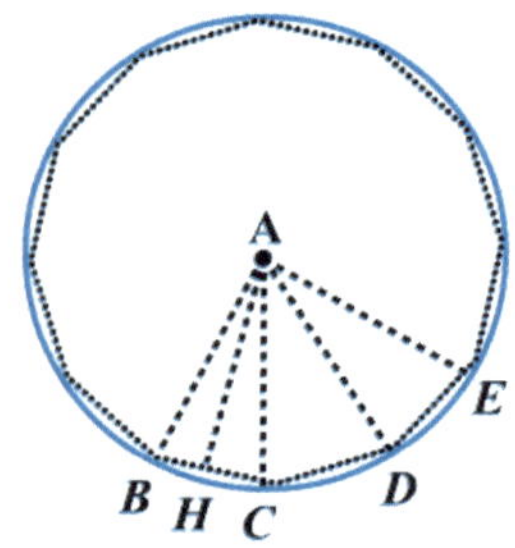

$$n \times \triangle ABC \qquad\qquad 원의\ 넓이$$

$$n \times \left(\frac{1}{2} \times \overline{BC} \times \overline{AH}\right) \quad \rightarrow \quad \frac{1}{2} \times 2\pi r \times r$$

따라서 원의 넓이는 πr^2이다.

예 반지름이 4cm인 원의 넓이는 $\pi \times 4^2 = 16\pi(\text{cm}^2)$으로 약 50.24cm^2이다.

IM

Problem 1 The picture shows a circle divided into 8 equal wedges which are rearranged.

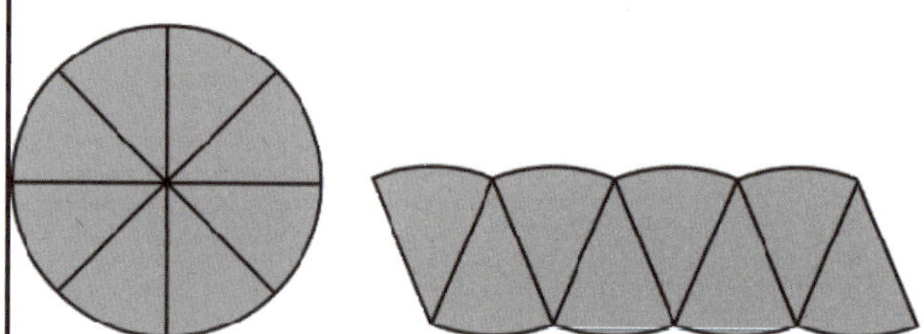

The radius of the circle is r and its circumference is $2\pi r$. How does the picture help to explain why the area of the circle is πr^2?

A

average

평균 [mean 참고]

뜻 평균은 자료를 대표하는 대푯값 중 하나로, 자룟값들을 고르게 한 값이다.

설 명

- 자료의 합을 자료의 개수로 나누어 구한다.

$$\text{average} = \frac{a_1 + a_2 + \cdots + a_n}{n}$$

- 영어로 평균에 해당하는 또 하나의 용어가 mean이다. mean은 산술평균(arithmetic mean), 기하평균(geometric mean), 조화평균(harmonic mean)에 모두 사용되지만 mean만 사용될 때는 주로 산술평균을 의미한다, average는 수학적인 맥락뿐만 아니라 일상에서도 흔히 사용된다.

- 평균은 다른 대푯값인 중앙값(median), 최빈값(mode)에 비해 이상치(outliers)에 크게 영향 받는다는 약점이 있다. 다음 기사를 보자.

  실제로 프로야구선수협회에서 내놓은 2005년 프로야구선수들의 평균 연봉은 6238만원이다. 이중 1억 이상을 받는 고액연봉자는 17%뿐, 선수의 56%는 연봉이 3000만원~4000만원 선이라고 하면, 산술적인 평균연봉 6238만원보다 가장 많은 선수들이 몰려있는 금액대인 3000만원~4000만원이 더 큰 통계적인 의미를 갖는다. 이처럼 평균수치는 동일한 조건의 표본이 많을수록 의미를 갖는다. 출처 : 강원도민일보(http://www.kado.net)

A

시각적 표현 수집한 자료가 4, 2, 3, 5, 1일 때 이를 블록 그림으로 표현하면 아래와 같고, 높이를 고르게 하기 위해 블록을 이동한다고 생각하면 고르게 한 값 3(점선으로 표시됨)이 평균임을 알 수 있다.

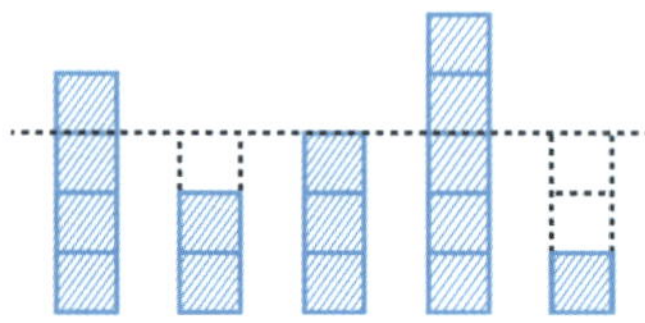

예 수집한 자료가 3, 5, 6, 8, 11, 12일 때 평균은 $\frac{3+5+6+8+11+12}{6}=7.5$이다.

IM

1. The kittens in a room at an animal shelter are arranged in five crates, as shown.

a. The manager of the shelter wants the kittens distributed equally among the crates. How might that be done? How many kittens will end up in each crate?

b. The number of kittens in each crate after they are equally distributed is called the **mean** number of kittens per crate, or the **average** number of kittens per crate.

Explain how the expression $10 \div 5$ is related to the average.

B

base (of a parallelogram or triangle)

(삼각형이나 평행사변형의) 밑변

뜻 (삼각형이나 평행사변형의) 높이와 수직인 변

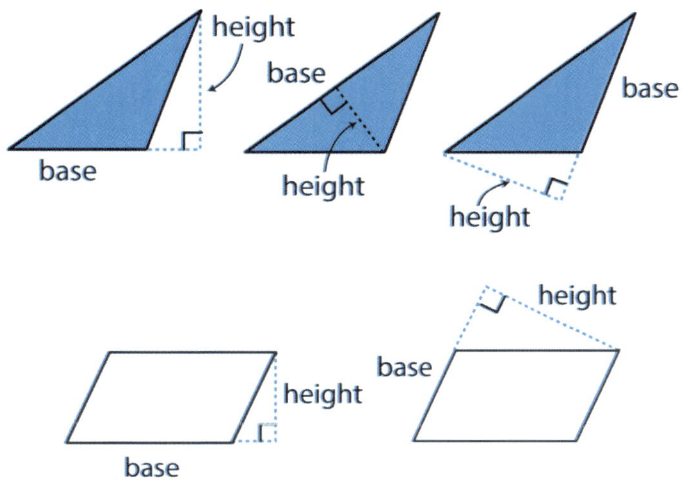

설 명 삼각형이나 평행사변형의 어느 변도 밑변이 될 수 있고, 그에 따라 높이가 결정된다. 밑변과 마주보는 점이나 변으로부터 밑변 또는 그 연장선에 내린 수선이 높이가 된다. 따라서 삼각형의 높이는 도형의 내부 또는 외부에 있고 변 자체일 수 있다.

IM

Problem 1 | Select **all** drawings in which a corresponding height h for a given base b is correctly identified.

B

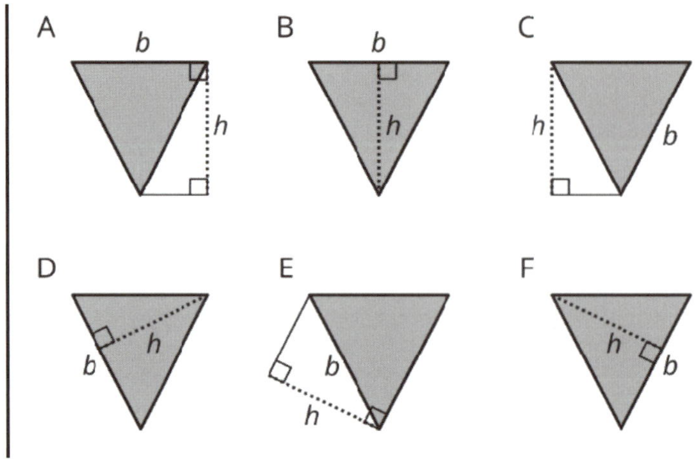

base (of a prism or pyramid)

(각기둥이나 각뿔의) 밑면

뜻 각기둥의 밑면은 평행하면서 합동인 두 면을, 각뿔의 밑면은 각뿔의 꼭짓점과 마주보는 면을 말한다.

설 명

- 평면도형에서 base는 밑변, 입체도형에서 base는 밑면이다. 한편 수 표현에서 base는 거듭제곱의 밑의 의미로 사용되므로 맥락에 따라 적절히 선택하여 의미를 파악해야 한다.
- 밑면은 밑에 있다는 의미로 해석해서는 안되므로, '밑'이라는 한국어 표현에 주의해야 한다.
- 각기둥은 평행하고 합동인 두 밑면을 가진다. 각뿔의 밑면은 1개이다. 각기둥과 각뿔의 이름은 밑면의 모양에 따라 결정된다. 예를 들어 밑면이 오각형인 각기둥을 오각기둥, 밑면이 육각형인 각뿔을 육각뿔이라 한다.

• 다음 팔각기둥에서 빗금친 두 면은 평행하고 합동이지만 밑면은 아님에 주의한다. 각 기둥의 옆면은 사각형이므로 두 팔각형이 밑면이다.

예

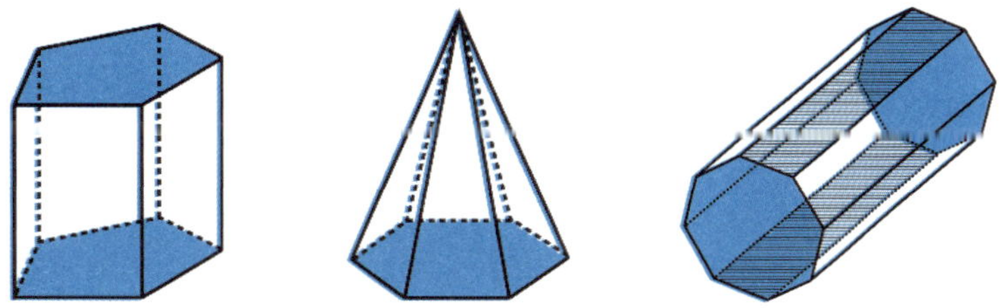

오각기둥의 밑면 　 육각뿔의 밑면 　 팔각기둥의 밑면

IM

Problem 1

Here is the base of a prism.

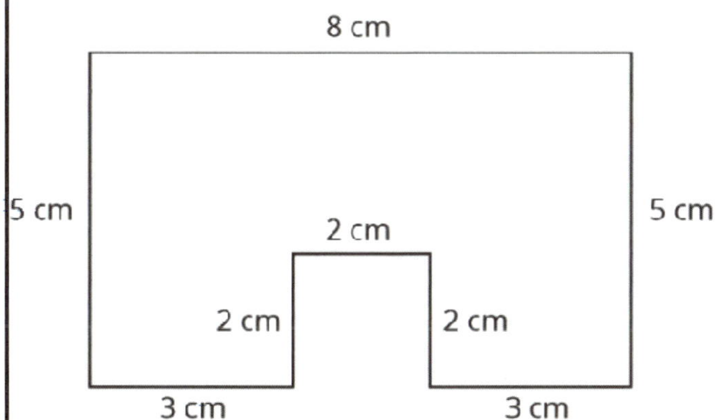

1. If the height of the prism is 5 cm, what is its surface area? What is its volume?

2. If the height of the prism is 10 cm, what is its surface area? What is its volume?

3. When the height doubled, what was the percent increase for the surface area? For the volume?

B

box plot

상자그래프 [▶ five-number summary, quartile 참고]

뜻 수직선에 자료의 분포를 네 부분으로 나누어 상자와 선으로 나타내는 그래프이다.

설 명 수직선 위의 각 수치에 대해 자료는 네 부분으로 나뉘어 표현된다. 네 부분을 구분하는 다섯 개의 수치가 five-number summary이며, 최솟값, 제1사분위수, 제2사분위수(중앙값), 제3사분위수, 최댓값이다. 다섯 수치로 구분되는 4개의 구간에 전체 자료의 $\frac{1}{4}$씩이 분포함을 나타낸다. 즉 제1사분위수부터 제3사분위수까지가 상자로 표현되고 상자 바깥의 선분은 최솟값부터 제1사분위수까지와 제3사분위수부터 최댓값까지를 나타낸다. 이 선분 때문에 상자그래프를 box-and-whisker plot(상자-수염그래프)라고도 한다.

시각적 표 현 수직선은 가로 또는 세로로 위치하여 그에 따라 상자 역시 가로 또는 세로로 표현된다. 구간을 벗어나는 이상치는 점으로 표시한다.

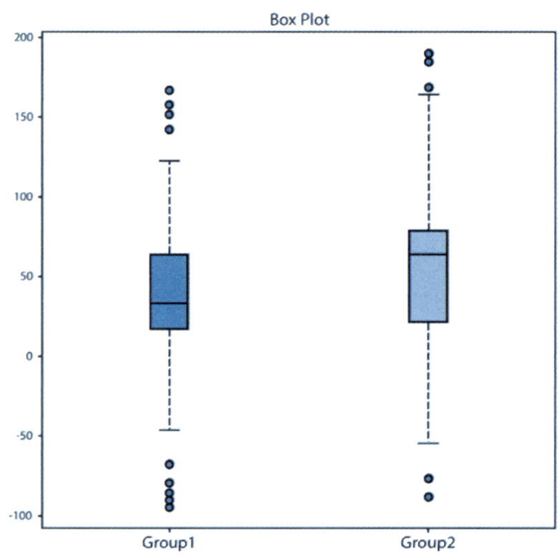

예

(1) 상자그래프에서 4개의 구간에 동일한 개수의 자료가 분포한다. 다음 상자그래프에서 최솟값 2, 최댓값 15, 중앙값 6이다. 제1사분위수가 5, 제3사분위수가 10이므로 2~5, 5~6, 6~10, 10~15 구간에 각각 자료의 $\frac{1}{4}$(25%)씩이 위치한다.

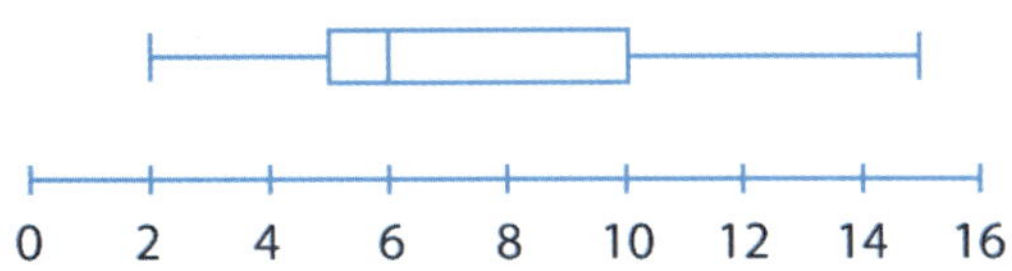

(2) 다음 상자그래프에서 이상치(outlier)를 제외한 최솟값(minimum)은 10, 최댓값(maximum)은 90, 중앙값(median)은 55이다. 10~32, 32~55, 55~76, 76~90의 구간에 각각 자료의 $\frac{1}{4}$씩이 위치한다.

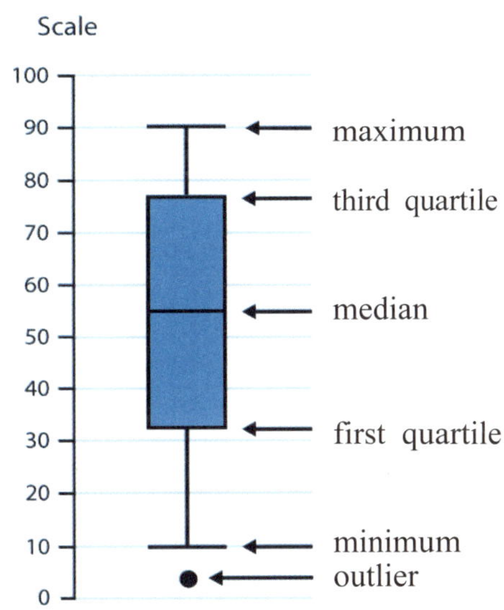

B

IM

Problem 1

Here are box plots that summarize the heights of 20 professional male athletes in basketball, football, hockey, and baseball.

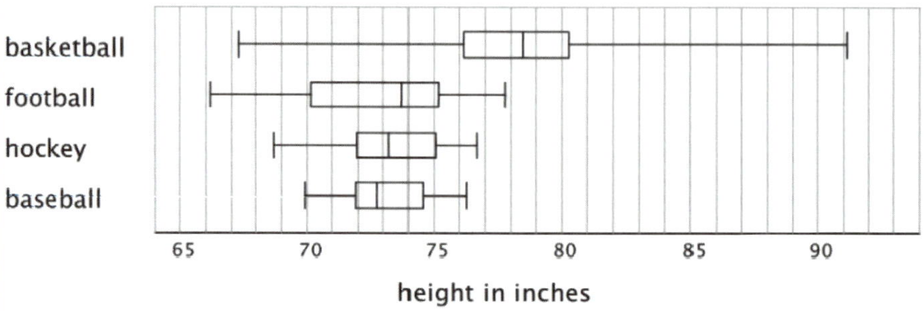

1. In which two sports are the players' height distributions most alike? Explain your reasoning.
2. Which sport shows the greatest variability in players' heights? Which sport shows the least variability?

C

center of a dilation

닮음의 중심

뜻 닮음변환에서 닮음비를 알려주는 거리를 측정할 때 그 출발점이 되는 고정점을 말한다.

설 명 용어 그대로 해석하면 확대의 중심이지만, scale factor가 1보다 크면 확대, 1보다 작으면 축소이다. 한국에서는 확대 또는 축소의 결과인 도형들이 닮은 도형이므로 닮음의 중심이라고 표현한다.

예 그림에서 닮음의 중심은 점 P이다.

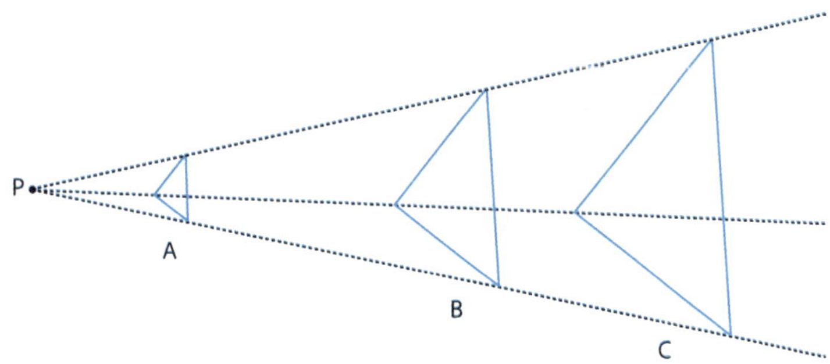

IM

Problem 2 | Here is triangle ABC.

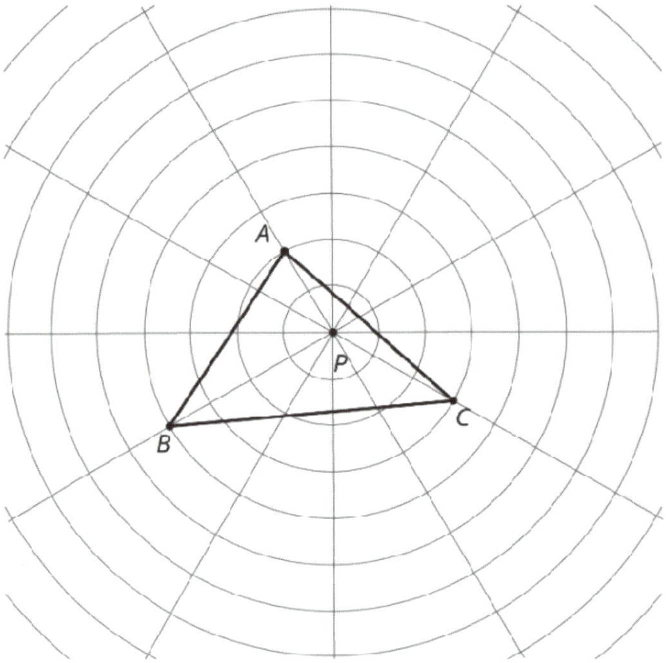

1. Dilate each vertex of triangle ABC using P as the center of dilation and a scale factor of 2. Draw the triangle connecting the three new points.
2. Dilate each vertex of triangle ABC using P as the center of dilation and a scale factor of $\frac{1}{2}$. Draw the triangle connecting the three new points.
3. Measure the longest side of each of the three triangles. What do you notice?
4. Measure the angles of each triangle. What do you notice?

circle

원 [radius, diameter 참고]

뜻 한 정점으로부터 같은 거리에 있는 점들로 이루어진 평면도형

설 명 그 정점이 center(원의 중심)이고 같은 거리가 radius(반지름)이다. 반지름의 2배인 diameter(지름)는 원의 중심을

지나고 그 원에서 가장 긴 현이다. 원의 크기는 반지름 또는 지름 또는 원주에 의해 결정된다.

IM

Problem 2

Here is a circle with center H and some line segments and curves joining points on the circle.

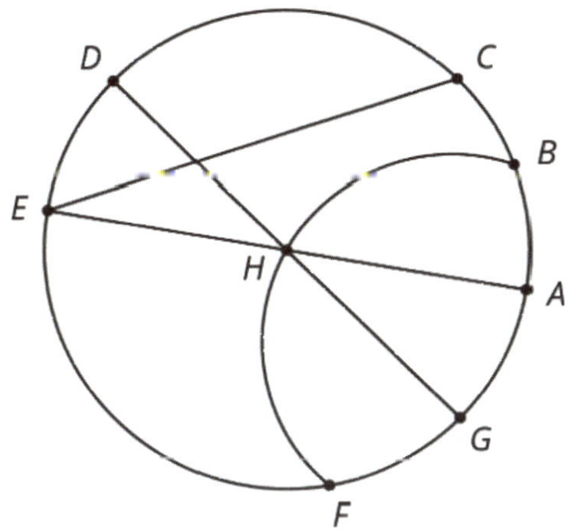

Identify examples of the following. Explain your reasoning.

1. Diameter
2. Radius

C

circumference

원주, 원둘레

뜻 원의 가장자리, 즉 원을 따라 한 바퀴 이동한 거리를 말한다.

설 명 원이 커질수록 원주는 길어지며, 원주는 반지름 또는 지름에 비례한다. 모든 원은 닮음이고, 따라서 지름에 대한 원주의 비율은 일정하여 이를 원주율(π)이라 한다. 반지름 r인 원의 원주는 $2\pi r$이다.

시각적 표현

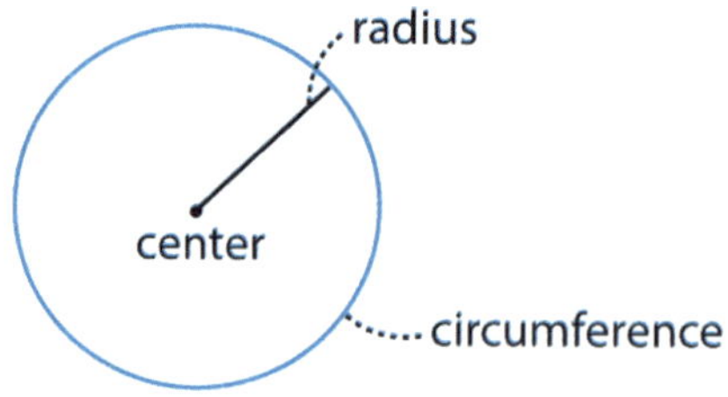

예 반지름이 5cm라면 원주는 10πcm로, 약 31.4cm이다.

IM

Problem 2 | A circle's circumference is approximately 76 cm. Estimate the radius, diameter, and area of the circle.

clockwise

시계방향 [▶ counterclockwise 참고]

뜻 시계 바늘이 도는 방향

설 명 회전이동에서 도형이 회전한 방향을 말할 때 시계방향과 반시계방향의 두 가지로 표현한다. 시계 바늘이 도는 방향과 반대인 방향은 반시계 방향이고, counterclockwise라 한다.

시계의 12시 방향을 기준으로 보면 오른쪽 방향이 시계방향이다.

예 오른쪽 그림은 도형 A가 시계 방향으로 회전하여 도형 B로 이동하였음을 보여준다.

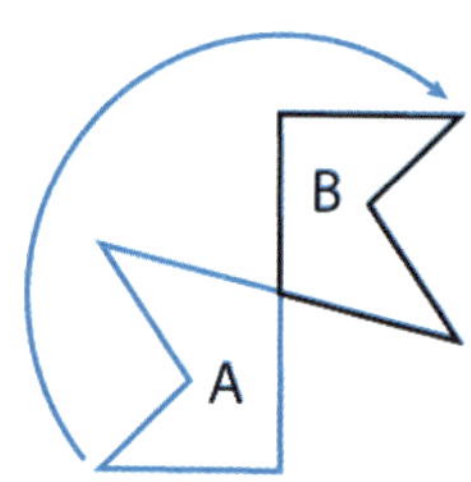

IM

3. Draw the rotation of Pentagon $ABCDE$ around C clockwise by an angle of 150 degrees. Tracing paper and a protractor may be useful.

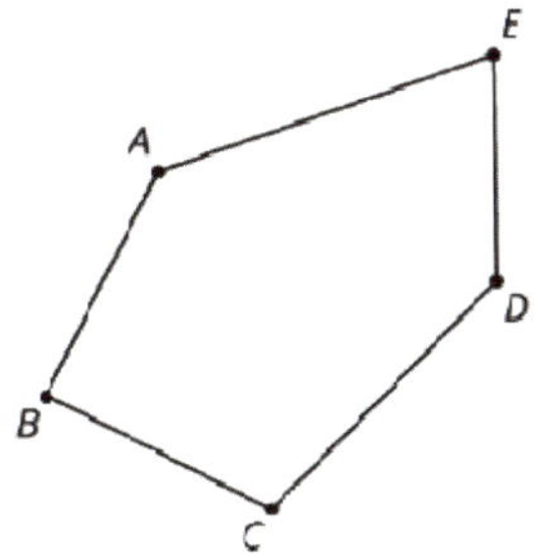

C

coefficient

계수

뜻 문자식에서 문자 앞에 곱해진 수

예 식 $2x+y$에서 x의 계수는 2, y의 계수는 1이다. y는 $1\times y=1y$에서 1이 생략되어 표현된 것이다.

IM

coefficient
A coefficient is a number that is multiplied by a variable.

For example, in the expression $3x+5$, the coefficient of x is 3. In the expression $y+5$, the coefficient of y is 1, because $y=1\cdot y$.

common factor

공약수

C

뜻 두 개 이상의 자연수의 공통인 약수. 따라서 공약수는 그 두 개 이상의 수를 각각 나누어 떨어지게 한다.

설 명

- 3은 9와 12의 공약수이다. 9와 12는 3으로 나누어 떨어진다.
- 24와 36의 공약수 구하는 방법

  24의 약수는 1, 2, 3, 4, 6, 8, 12, 24

  36의 약수는 1, 2, 3, 6, 12, 18, 36

  따라서 24와 36의 공약수는 1, 2, 3, 6, 12이다.
- common factor는 식에서 공통인 인수를 의미하기도 하지만, 중학교 수준에서는 자연수의 범위에서 다룬다.

IM

One way to find the greatest common factor of two whole numbers is to list all of the factors for each, and then look for the greatest factor they have in common. Let's try to find the greatest common factor of 18 and 24. First, we list all the factors of each number.

- Factors of 18: **1**, **2**, **3**, **6**, 9,18
- Factors of 24: **1**, **2**, **3**, 4, **6**, 8, 12, 24

The common factors are 1, 2, 3, and 6. Of these, 6 is the greatest one, so 6 is the greatest common factor of 18 and 24.

common multiple

공배수

뜻 두 개 이상의 자연수의 공통인 배수. 따라서 그 두 개 이상의 자연수로 공배수를 나누면 나누어 떨어진다.

C

설 명

- 24는 3과 4의 공배수이다.
  $24=3\times8$, $24=4\times6$으로, 24가 3의 8배이고 4의 6배이기 때문이다.
  24는 3과 4로 나누어 떨어진다.
- 3과 5의 공배수 구하는 방법
  3의 배수는 3, 6, 9, 12, 15, 18, 21, 24, 27, 30, 33, ⋯
  5의 배수는 5, 10, 15, 20, 25, 30, 35, 40, ⋯
  따라서 3과 5의 공배수는 15, 30, 45, 60, ⋯

IM

One way to find the least common multiple of two numbers is to list multiples of each in order until we find the smallest multiple they have in common. Let's find the least common multiple for 4 and 10. First, we list some multiples of each number.

- Multiples of 4: 4, 8, 12, 16, **20**, 24, 28, 32, 36, **40**, 44 . . .
- Multiples of 10: 10, **20**, 30, **40**, 50, . . .

20 and 40 are both common multiples of 4 and 10 (as are 60, 80, . . .), but 20 is the smallest number that is on *both* lists, so 20 is the least common multiple.

complementary angles

여각

C

뜻 더해서 90도가 되는 두 각

시각적 표현

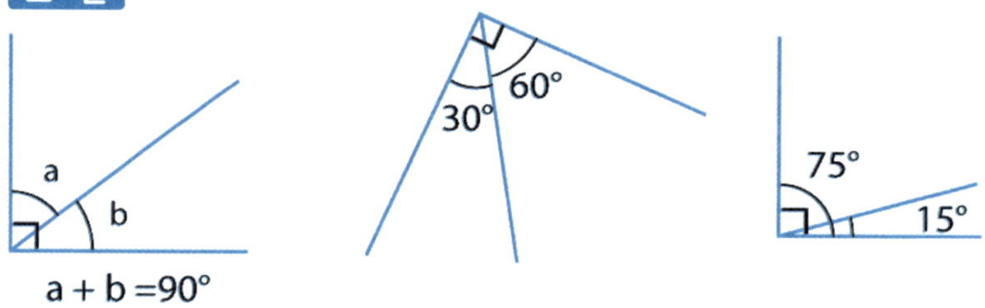

예 60도와 30도, 15도와 75도, 45도와 45도는 각각 complementary angles이다.

IM

Problem 2

1. List two pairs of angles in square $CDFG$ that are complementary.
2. Name three angles that sum to $180°$.

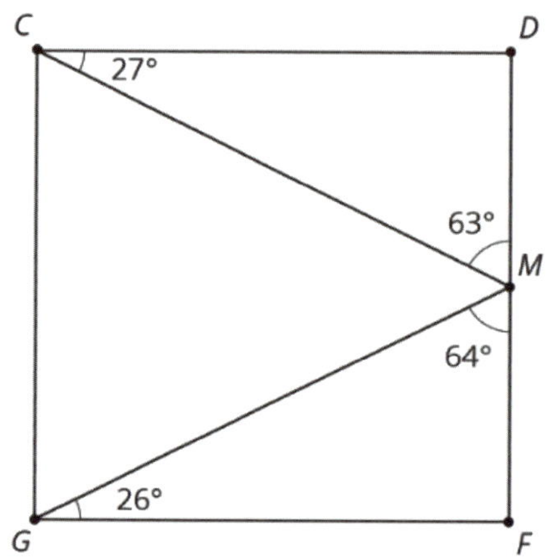

compose

(도형을) 합성하다 [decompose 참고]

C

뜻 둘 이상의 도형을 연결해 놓아 새로운 모양을 만드는 것을 의미한다.

시각적 표 현

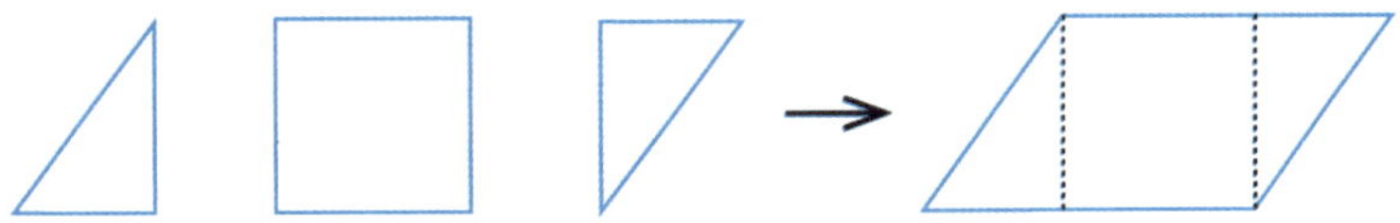

IM

2.2: Composing Shapes

This applet has one square and some small, medium, and large right triangles. The area of the square is 1 square unit.

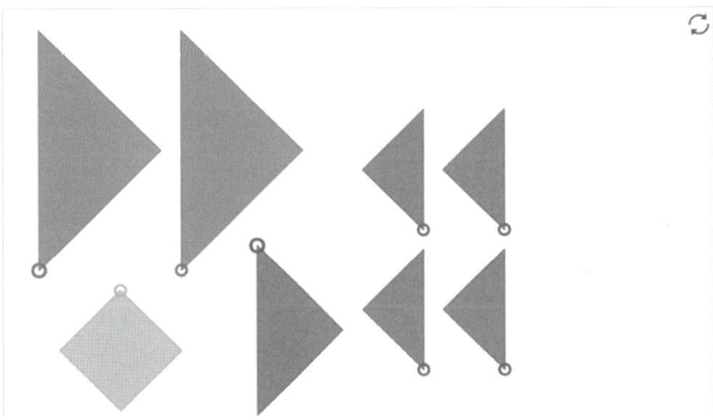

Click on a shape and drag to move it. Grab the point at the vertex and drag to turn it.

1. Notice that you can put together two small triangles to make a square. What is the area of the square composed of two small triangles? Be prepared to explain your reasoning.
2. Use your shapes to create a new shape with an area of 1 square unit that is not a square. Draw your shape on paper and label it with its area.
3. Use your shapes to create a new shape with an area of 2 square units. Draw your shape and label it with its area.
4. Use your shapes to create a *different* shape with an area of 2 square units. Draw your shape and label it with its area.
5. Use your shapes to create a new shape with an area of 4 square units. Draw your shape and label it with its area.

congruent

합동

뜻 모양과 크기가 같아서 포개었을 때 완전히 겹쳐지는 두 도형을 서로 합동이라 한다.

설 명 합동인 두 도형은 넓이가 같다. 그러나 넓이가 같은 도형이 항상 합동인 것은 아니다.

예 삼각형 A를 평행이동하여 삼각형 B, 다시 회전이동하여 삼각형 C, 다시 대칭이동하여 삼각형 D가 되므로, 삼각형 A, B, C, D는 모두 합동이다.

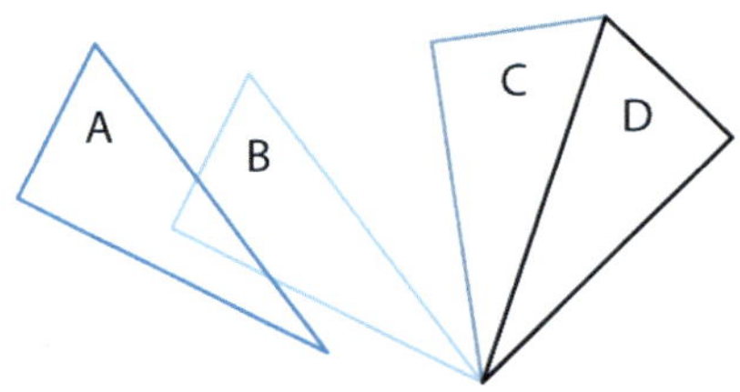

IM

Problem 2

These two figures are congruent, with corresponding points marked.

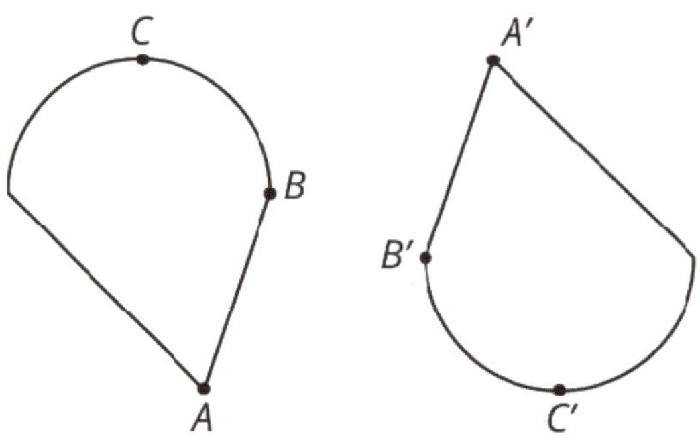

1. Are angles ABC and $A'B'C'$ congruent? Explain your reasoning.
2. Measure angles ABC and $A'B'C'$ to check your answer.

constant of proportionality

비례상수

뜻 두 양이 비례관계일 때 한 양에 같은 수를 곱하면 대응하는 다른 양을 얻게 된다. 그 같은 수를 비례상수라 한다.

설 명 두 양 x, y가 $y=ax$의 관계일 때 비례상수는 a이다.

예

(1) 표에서 t시간에 가는 거리는 $60t$로, t가 얼마이든 단위 시간, 즉 1시간 당 거리 mile 수는 60으로 같다. 식으로 나타내면, $y=60t$로 비례상수는 60이다.

t (hours)	1	2	3	4	5	6
$60t$ (miles)	60	120	180	240	300	360

(2) 그래프 $d=65t$에서 단위시간 당 간 거리는 65mile이고 비례상수는 65이다.

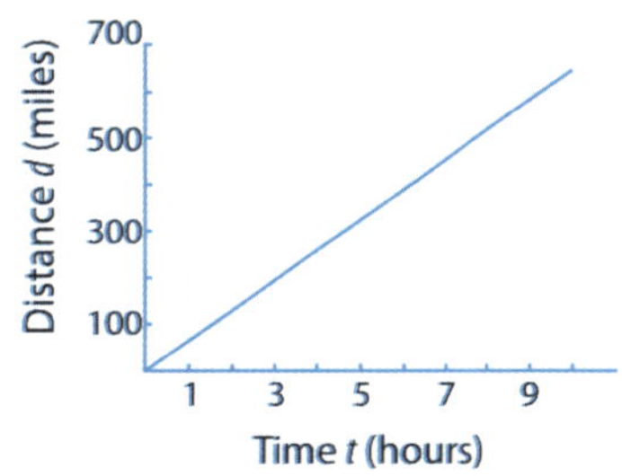

IM

Problem 2

A certain shade of pink is created by adding 3 cups of red paint to 7 cups of white paint.

1. How many cups of red paint should be added to 1 cup of white paint?

cups of white paint	cups of red paint
1	
7	3

2. What is the constant of proportionality?

constant term

상수항

C

뜻 다항식에서 문자 없이 수만으로 이루어진 항

예 $y=3x+5$에서 상수항은 5

$y=\frac{1}{4}x^2-7$에서 상수항은 -7

IM

Similarly, we can sometimes use structure to tell if an equation has no solutions. For example, look at

$$6(6x+5)=12(3x+2)+12.$$

If we think about each move as we go, we can stop when we realize there is no solution:

$\frac{1}{6}\cdot 6(6x+5)=\frac{1}{6}\cdot(12(3x+2)+12)$	Multiply each side by $\frac{1}{6}$.
$6x+5=2(3x+2)+2$	Distribute $\frac{1}{6}$ on the right side.
$6x+5=6x+4+2$	Distribute 2 on the right side.

The last move makes it clear that the **constant terms** on each side, 5 and $4+2$, are not the same. Since adding 5 to an amount is always less than adding $4+2$ to that same amount, we know there are no solutions.

converse

(명제의) 역

뜻 어떤 명제의 가정과 결론을 뒤바꾼 명제를 처음 명제의 역이라 한다.

설 명

- 원래 명제가 '만약 A이면 B이다'라면, 이 명제의 역은 '만약 B이면 A이다'가 된다.
- 명제와 그 역의 참, 거짓이 일치하는 것은 아니다. 예를 들어, '직사각형은 평행사변형이다'는 참인 명제이지만, 그 역 '평행사변형은 직사각형이다'는 거짓이다.

예 피타고라스의 정리 '직각삼각형 ABC에서 $a^2+b^2=c^2$이다'의 역은 '삼각형의 세 변 a, b, c에 대해 $a^2+b^2=c^2$이면, 그 삼각형은 직각삼각형이다'이다. 이 경우에는 원래 명제와 그 명제의 역이 모두 참이다.

C

IM

What if it isn't clear whether a triangle is a right triangle or not? Here is a triangle:

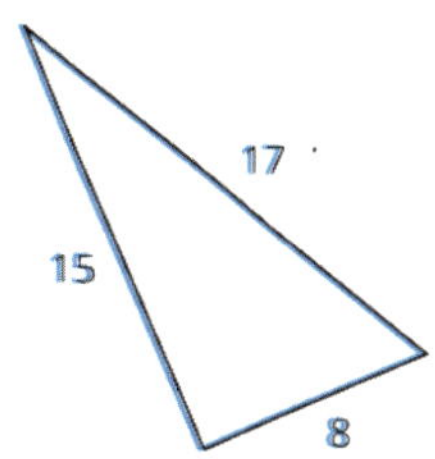

Is it a right triangle? It's hard to tell just by looking, and it may be that the sides aren't drawn to scale.

If we have a triangle with side lengths a, b, and c, with c being the longest of the three, then the *converse* of the Pythagorean Theorem tells us that any time we have $a^2+b^2=c^2$, we *must* have a right triangle. Since $8^2+15^2=64+225=289=17^2$, any triangle with side lengths 8, 15, and 17 *must* be a right triangle.

coordinate plane

좌표평면

C

뜻 평면 상에서 직교하는 두 개의 축으로 이루어진 좌표체계로, 좌표평면을 이용하여 평면 상의 점의 위치를 순서쌍 (x좌표, y좌표)로 나타낸다.

설 명

- 3차원 공간 상에서는 coordinate space가 3개의 좌표 축으로 구성되어 공간 상의 점의 위치를 순서쌍 (x좌표, y좌표, z좌표)로 나타낸다.
- 두 축의 교점을 원점(origin)이라 하고 O로 나타낸다.

시각적 표 현

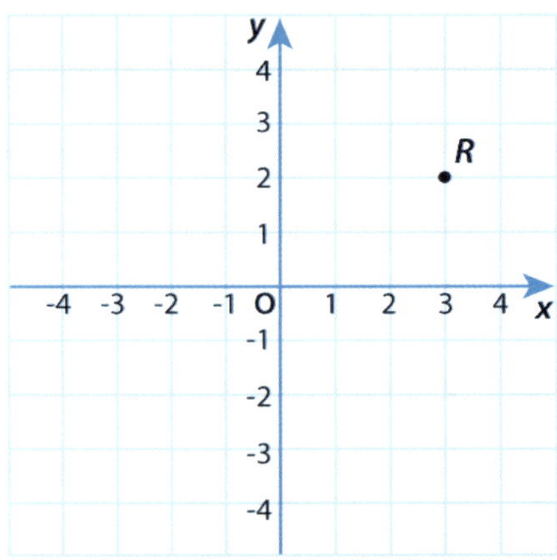

예 위 좌표평면에서 점 R의 위치는 좌표 (3, 2)로 나타낸다. 3이 x좌표, 2가 y좌표이다.

IM

Problem 1

1. Graph these points in the coordinate plane: $(-2,3)$, $(2,3)$, $(-2,-3)$, $(2,-3)$.

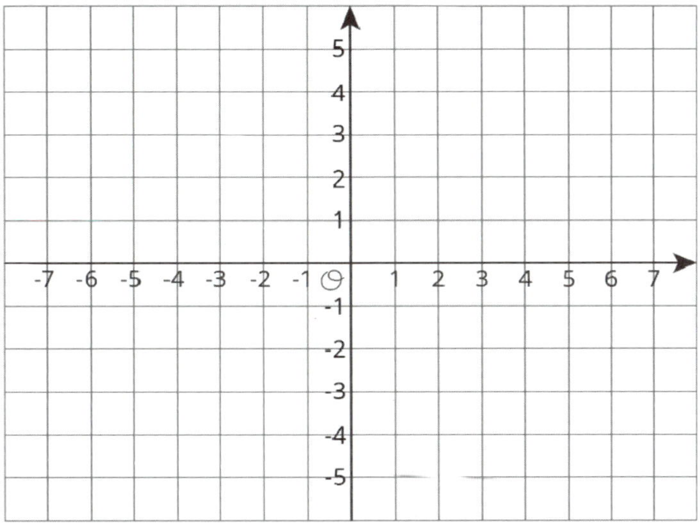

C

corresponding points, corresponding sides, corresponding angles

대응점, 대응변, 대응각

뜻 합동, 닮음, 대칭 등에서 두 도형의 대응하는 부분을 일컫는다.

설 명 corresponding angles는 두 직선이 다른 한 직선과 만나서 생기는, 상대적 위치가 같은 네 쌍의 각을 일컫는 동위각을 위미하기도 한다.

예

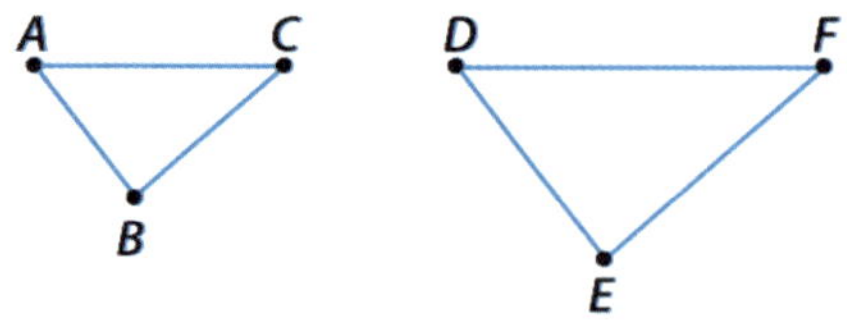

Point A corresponds to Point D.
Side AB corresponds to Side DE.
Angle C corresponds to Angle F.

C

IM

Problem 1

The second H-shaped polygon is a scaled copy of the first.

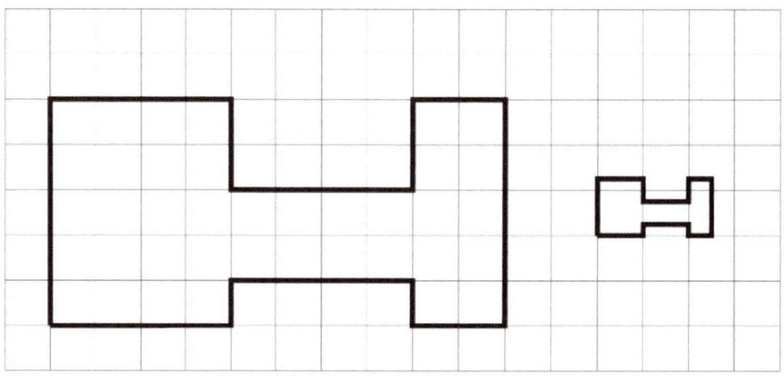

1. Show one pair of corresponding points and two pairs of corresponding sides in the original polygon and its copy. Consider using colored pencils to highlight corresponding parts or labeling some of the vertices.
2. What scale factor takes the original polygon to its smaller copy? Explain or show your reasoning.

counterclockwise

반시계방향 [clockwise 참고]

뜻 시계 바늘이 움직이는 방향과 반대 방향을 뜻한다.

설 명 시계의 12시 방향을 기준으로 보면 왼쪽 방향을 말한다. 반대로 시계 방향은 clockwise라고 한다.

예 다음은 도형 A가 반시계방향으로 회전이동한 도형 B를 보여준다.

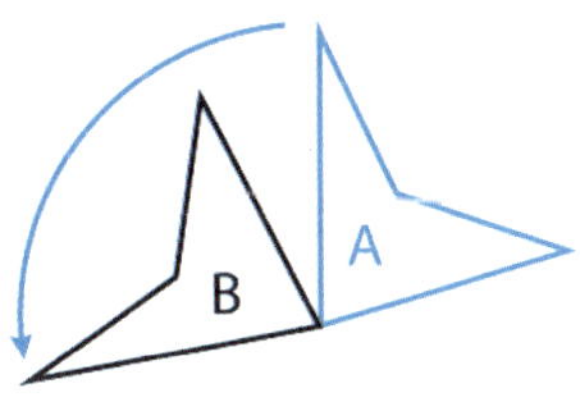

IM

Problem 1

Apply each transformation described to Figure A. If you get stuck, try using tracing paper.

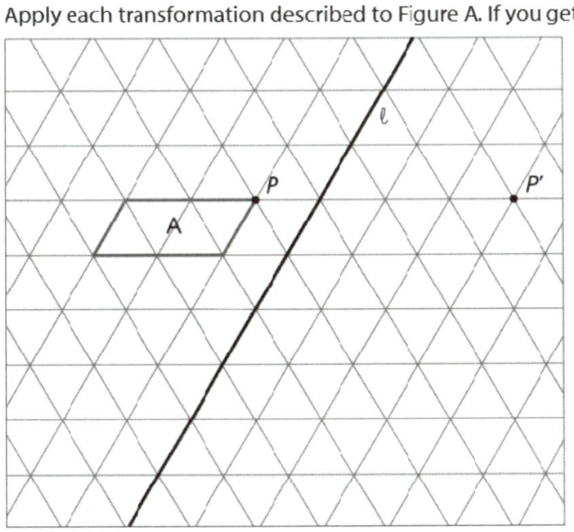

1. A translation which takes P to P'
2. A counterclockwise rotation of A, using center P, of 60 degrees
3. A reflection of A across line ℓ

cross-section

단면

C

뜻 입체도형을 평면으로 자를 때 생기는 평면도형을 말한다.

설 명 plane section이라고도 한다.

예

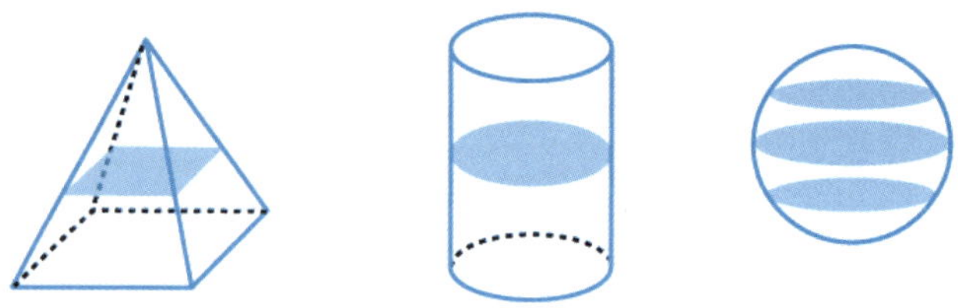

사각뿔을 밑면에 평행인 평면으로 자를 때 단면은 밑면보다 작은 넓이의 닮은 사각형이다.

원기둥을 밑면에 평행인 평면으로 자르면 밑면과 합동인 원이 단면이고, 밑면에 수직인 평면으로 자르면 직사각형이 단면이다.

구의 모든 단면은 원이다.

IM

Problem 3

Here are two three-dimensional figures.

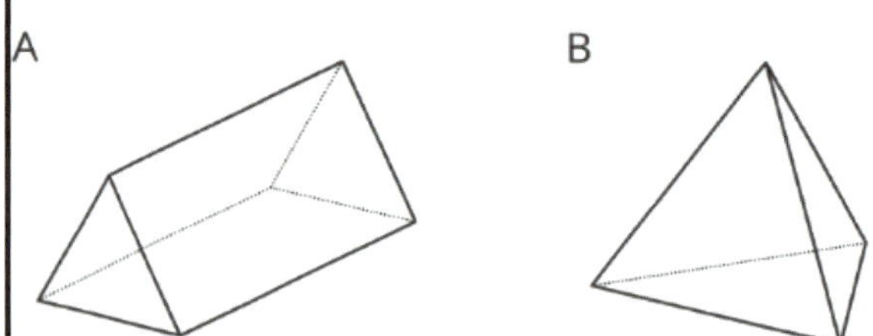

Describe a way to slice one of the figures so that the cross section is a rectangle.

cube root

세제곱근

뜻 어떤 수의 세제곱근은 세제곱하여 그 수가 되는 수이다.

기호 실수 a에 대해 $b^3 = a$가 성립할 때 b를 a의 세제곱근이라고 하고 $b = \sqrt[3]{a}$라고 쓴다.

예 $4^3 = 64$이므로 $\sqrt[3]{64} = 4$

실수 범위에서, -8의 세제곱근은 -2이다. -2의 세제곱이 -8이기 때문이다.

C

IM

Problem 2

For each cube root, find the two whole numbers that it lies between.

1. $\sqrt[3]{11}$
2. $\sqrt[3]{80}$
3. $\sqrt[3]{120}$
4. $\sqrt[3]{250}$

D

decompose

(도형을) 분할하다 [▶ compose 참고]

뜻 'compose(합성하다)'의 반대 조작이다. 즉 한 도형을 두 개 이상의 도형으로 분리하는 것을 말한다.

시각적 표현

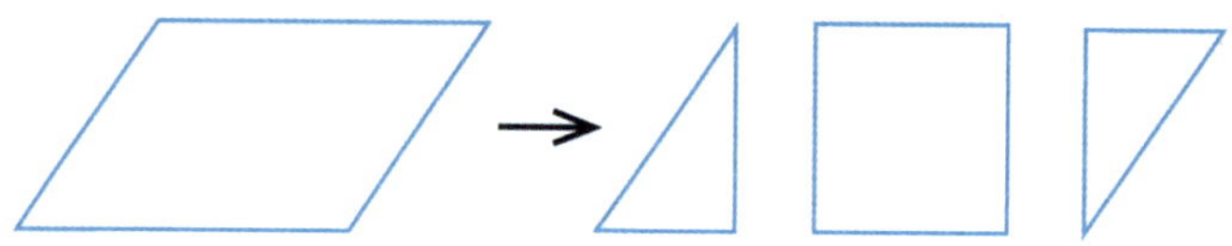

예 다음과 같은 'ㄴ'자 모양의 도형의 넓이를 구하기 위해 두 직사각형으로 분할하여 구할 수 있다.

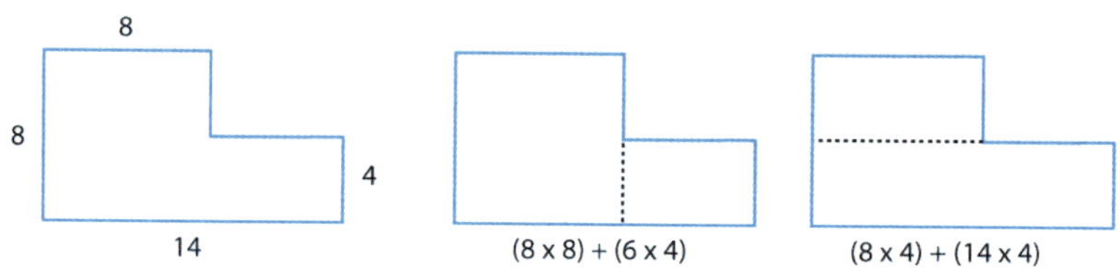

IM

Problem 1

The diagonal of a rectangle is shown.

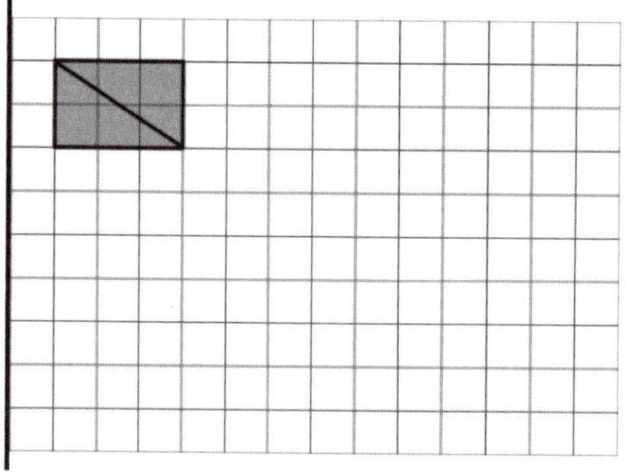

1. Decompose the rectangle along the diagonal, and recompose the two pieces to make a *different* shape.
2. How does the area of this new shape compare to the area of the original rectangle? Explain how you know.

dependent variable

종속변수 [▶ independent variable 참고]

뜻 함수의 output을 나타내는 변수로, 함수 $f: X \to Y$, $y = f(x)$에서 y가 종속변수이다.

설 명 함수는 독립변수와 종속변수의 대응관계를 다룬다.

$y = f(x)$에서 x는 independent variable(독립변수)이다.

예 수일이는 1시간에 4km를 걷는다. x시간동안 걸은 거리를 $y$km라 하면, $y = 4x$가 성립한다. 이때 걸은 시간 x가 독립변수, 걸은 거리 y가 종속변수이다.

D

IM

Problem 1 A car is traveling down a road at a constant speed of 50 miles per hour.

1. Complete the table with the amounts of time it takes the car to travel certain distances, or the distances traveled for certain amounts of time.
2. Write an equation that represents the distance traveled by the car, d, for an amount of time, t.
3. In your equation, which is the dependent variable and which is the independent variable?

time (hours)	distance (miles)
2	
1.5	
t	
	50
	300
	d

dilation

확대 [▶ center of dilation, scale factor **참고**]

뜻 확대는 한 정점으로부터 도형의 모든 점까지의 거리를 일정하게 변화시키는 변환이다. 기하학적 변환 중 하나로, 용어 자체의 의미는 확대이지만, 축소를 포함하여 어떤 점을 기준으로 확대 또는 축소하는 것을 말한다.

설 명 고정점이 center of dilation(닮음의 중심)이고, 모든 점에서 원래 거리를 동일한 scale factor(확대/축소 비율)만큼 곱하여 확대 또는 축소한다.

예 삼각형 DEF는 삼각형 ABC의 확대이다. 닮음의 중심은 O이고, 확대 비율은 3이다.

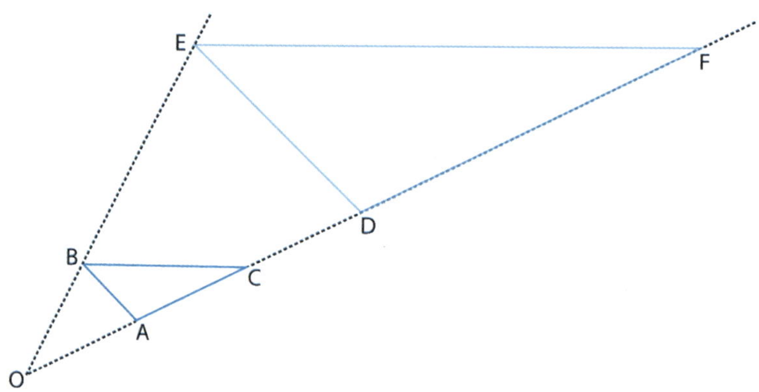

즉 $\overline{OD}=3\overline{OA}$, $\overline{OE}=3\overline{OB}$, $\overline{OF}=3\overline{OC}$. 이 때 각각의 대응각은 크기가 같다.

IM

Problem 1

Here are Circles c and d. Point O is the center of dilation, and the dilation takes Circle c to Circle d.

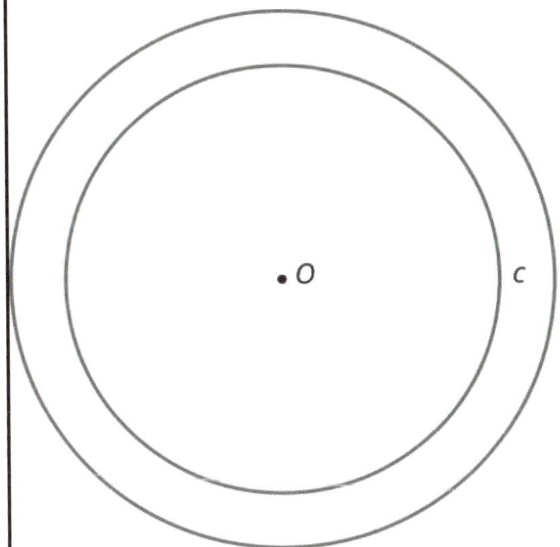

1. Plot a point on Circle c. Label the point P. Plot where P goes when the dilation is applied.
2. Plot a point on Circle d. Label the point Q. Plot a point that the dilation takes to Q.

diameter

지름

뜻 원주 위의 두 점을 이은 선분 중 원의 중심을 지나는 선분

설 명

- 지름은 원주 위의 두 점을 이은 선분(현: chord) 중 가장 길다.
- 한 원에서 지름은 무수히 많이 그을 수 있고, 모든 지름의 길이는 같다.

D

- 원을 지름을 따라 접으면 완전히 포개어진다. 즉 지름은 원을 이등분한다.
- 지름 diameter는 지름의 길이를 말하기도 한다. 따라서 'What is the diameter of the circle?'라는 질문은 'What is the length of the diameter of the circle?'과 같은 의미로 사용된다.
- 한국어에서는 반지름과 지름이라는 용어로부터 반지름이 지름의 $\frac{1}{2}$이라는 것을 쉽게 알 수 있지만, 영어 표현에서는 radius와 diameter로 구분되어 radius$=\frac{1}{2}$ diameter이다.

시각적 표현

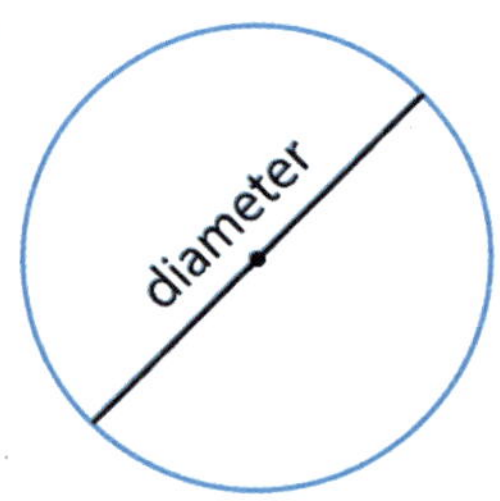

예 컴퍼스의 두 다리 간격을 5cm로 하여 그린 원의 지름은 10cm이다.

IM **Problem 3**

A is the center of the circle, and the length of CD is 15 centimeters.

1. Name a segment that is a radius. How long is it?
2. Name a segment that is a diameter. How long is it?

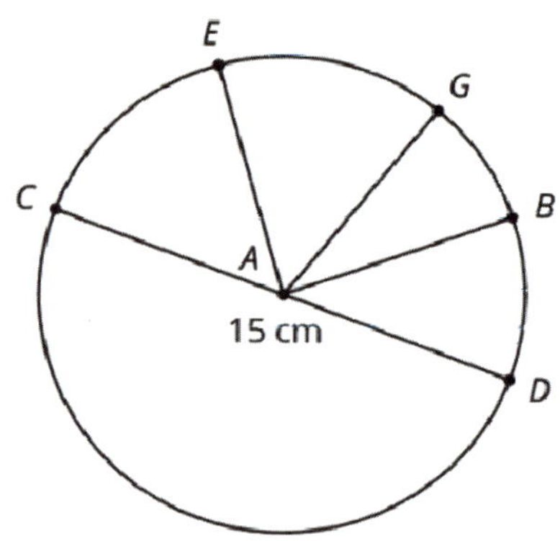

distribution

분포

뜻 자료가 퍼져있는 정도 또는 양상

설 명 중학교 수준에서는 대푯값, 산포도, 전체적인 모양 등으로 표현한다.

예 보통 막대그래프, 히스토그램, 점그래프 등 그래프를 이용하여 나타낸다. 다음의 점그래프(dot plot)는 대푯값이 2이고 2를 중심으로 양쪽이 균등하게 퍼져있는 종모양의 분포를 보여준다.

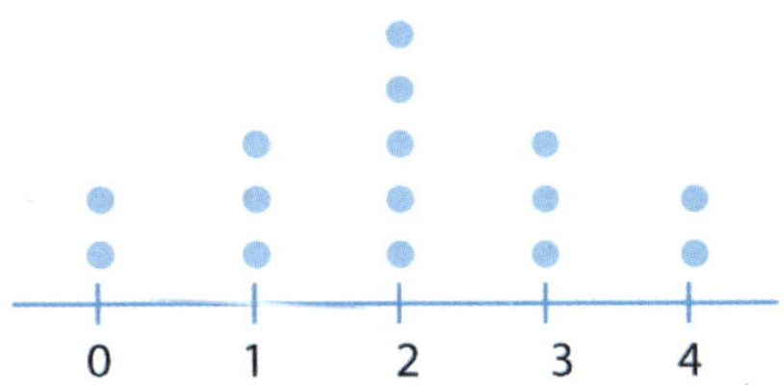

IM

Here are the dot plots showing the number of baskets Elena, Jada, and Lin each made over 12 school days.

1. On each dot plot, mark the location of the mean with a triangle (Δ). Then, contrast the dot plot distributions. Write 2–3 sentences to describe the shape and spread of each distribution.

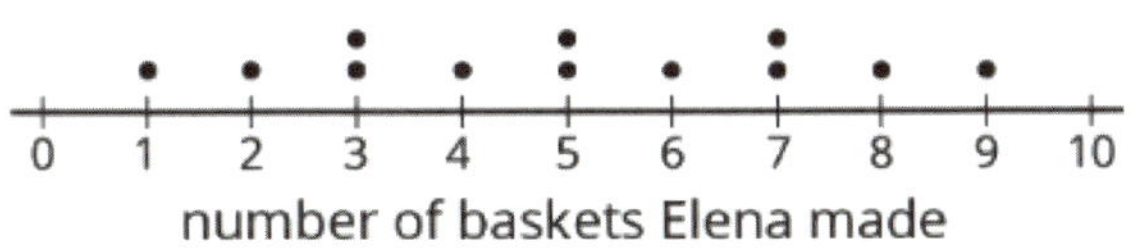

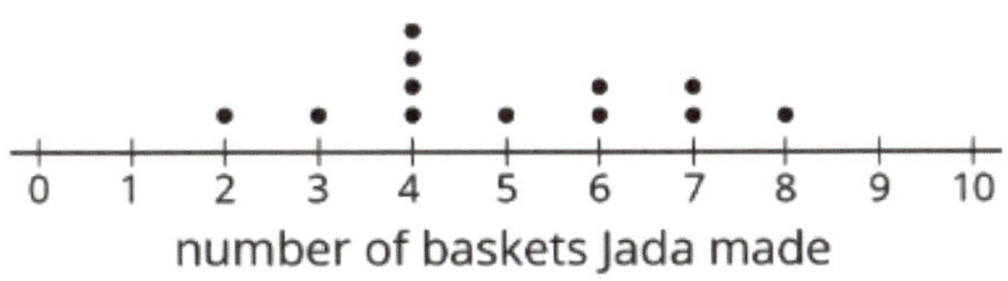

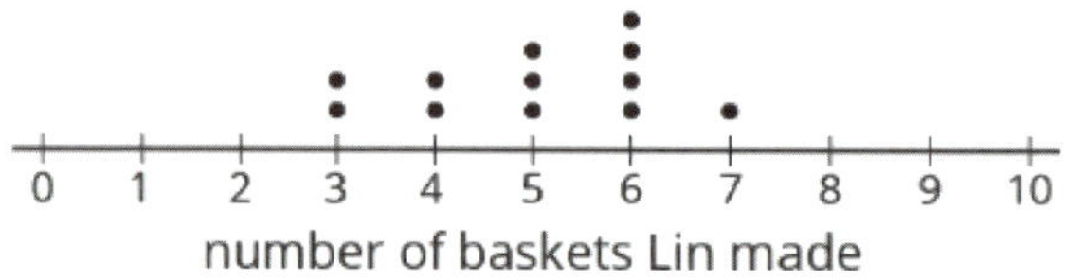

dot plot

점그래프

D

뜻 수직선에 자료를 나타내는 그래프로, 자료가 대응하는 수직선의 수 위쪽으로 자료의 빈도만큼 점을 찍어 나타낸다.

시각적 표 현

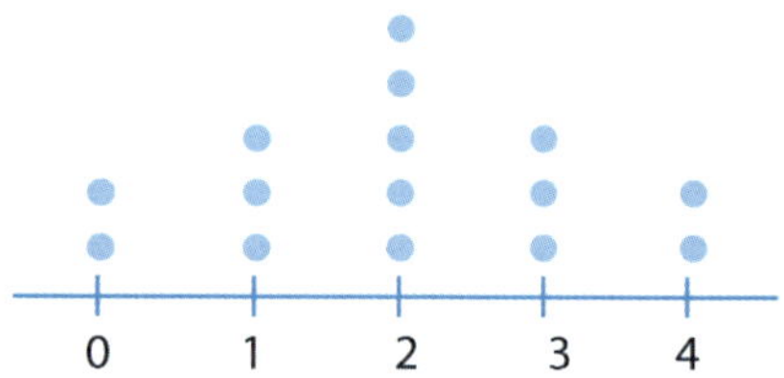

예 위의 점그래프가 형제자매의 수를 나타낸다면, 4 위에 있는 2개의 점은 형제자매가 4명인 사람이 2명이라는 뜻이다.

IM

Problem 2

Mai played 10 basketball games. She recorded the number of points she scored and made a dot plot. Mai said that she scored between 8 and 14 points in most of the 10 games, but one game was exceptional. During that game she scored more than double her typical score of 9 points. Use the number line to make a dot plot that fits the description Mai gave.

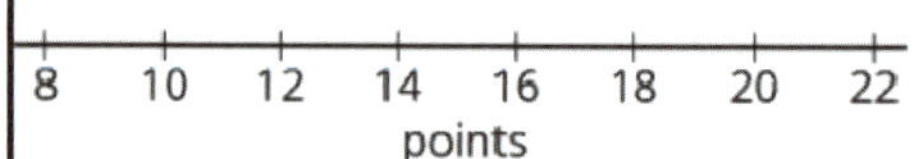

double number line diagram

이중수직선

뜻 이중수직선은 함께 변하는 두 양 사이의 관계를 나타내기 위한 한 쌍의 수직선이다.

설 명 두 수직선에 척도, 즉 한 칸의 크기를 각각 다르게 표현하므로 두 개의 수직선을 이용하는 것이다. 동치비(equivalent ratios)를 나타내기에 유용하다.

예 초록 물감을 만들기 위해 노랑과 파랑을 3:5로 혼합하는 상황이라면 두 수직선을 각각 노란 물감과 파란 물감의 양으로 다음과 같이 나타낼 수 있다.

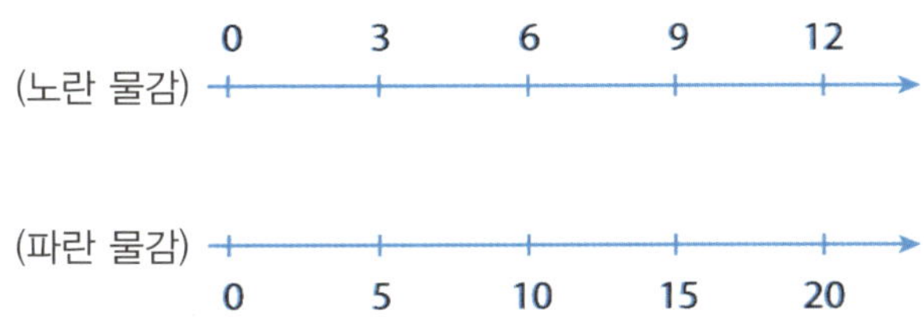

IM

Problem 2

This double number line diagram shows the amount of flour and eggs needed for 1 batch of cookies.

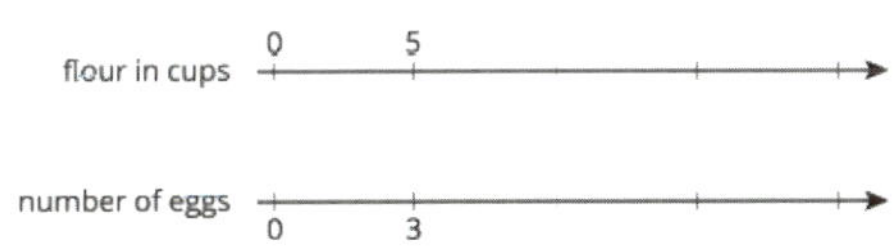

1. Complete the diagram to show the amount of flour and eggs needed for 2, 3, and 4 batches of cookies.
2. What is the ratio of cups of flour to eggs?
3. How much flour and how many eggs are used in 4 batches of cookies?

1. How much flour is used with 6 eggs?
2. How many eggs are used with 15 cups of flour?

E

edge

모서리

뜻 다면체의 두 면이 만나서 생기는 교선을 모서리라고 한다.

설 명 가장자리의 의미로, 2차원 다각형의 변(side)에 대응하는 용어이다.

예 부피가 27m^3인 정육면체의 모서리의 길이는 3m이다.

IM

In this lesson, students learned about cube roots. Similar to square roots, cube roots can be thought of in the context of shapes; a cube with volume 64 cubic units has an edge length of 4 units, which is $\sqrt[3]{64}$, because $4^3 = 64$.

- "If a cube has a volume of 27 cubic inches, what is its side length?" (The cube with volume 27 cubic inches has an edge length of 3 inches, since $\sqrt[3]{27} = 3$.)
- "What is the solution to $x^3 = 150$, and what two integers would it fall between on a number line?" (The solution to $x^3 = 150$ is $\sqrt[3]{150}$ and it is between 5 and 6 on a number line, because $5^3 = 125$ and $6^3 = 216$.)

equivalent expressions

동치식

뜻 등식에 포함된 문자에 어떤 수를 대입하더라도 등식이 성립할 때 양변에 있는 식을 서로 동치라고 말한다.

예 $2(x+y)=2x+2y$에서 $2(x+y)$와 $2x+2y$는 동치(equivalent)이다. $x=3$, $y=3$일 때 두 식의 값은 12로 같듯이, x와 y가 어떤 값을 취하더라도 두 식의 값은 같다.

IM

Match each expression in column A with an equivalent expression from column B. Be prepared to explain your reasoning.

A	B
1. $(9x+5y)+(3x+7y)$	1. $12(x+y)$
2. $(9x+5y)-(3x+7y)$	2. $12(x-y)$
3. $(9x+5y)-(3x-7y)$	3. $6(x-2y)$
4. $9x-7y+3x+5y$	4. $9x+5y+3x-7y$
5. $9x-7y+3x-5y$	5. $9x+5y-3x+7y$
6. $9x-7y-3x-5y$	6. $9x-3x+5y-7y$

equivalent ratios

동치비

뜻 비율(unit rate)이 같은 비

설명 어떤 비의 전항과 후항에 0이 아닌 같은 수를 곱하거나 나누어 얻은 비는 비율이 서로 같다.

예

$$a:b=ac:bc \quad (\text{전항} \times c,\ \text{후항} \times c)$$

- $1:2$와 $3:6$은 동치비이다. $1:2$의 두 항에 3을 곱하면 $3:6$이 되는데, 이때 두 비의 비율이 $\frac{1}{2}$로 같기 때문이다. 실생활에서 매실 원액 1컵에 물 2리터를 부어 만든 매실차는 원

액 3컵에 물 6리터를 부어 만든 매실차와 맛이 같고, 양은 3배이다. 이때 1 : 2와 3 : 6이 동치비이다.

CCSSM 동치비와 동치분수의 차이를 다음과 같이 확인할 수 있다.

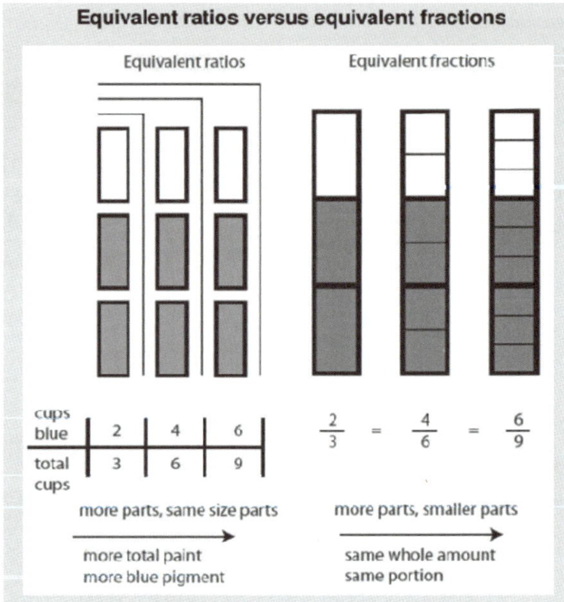

IM

Problem 1

Each of these is a pair of equivalent ratios. For each pair, explain why they are equivalent ratios or draw a diagram that shows why they are equivalent ratios.

1. 4 : 5 and 8 : 10
2. 18 : 3 and 6 : 1
1. 2 : 7 and 10,000 : 35,000

event

사건 [▶ outcome, sample space 참고]

뜻 확률실험에서 하나 이상의 결과로 이루어진 집합

설 명 확률실험에서 하나의 사건은 특정 조건에 맞는 시행 결과(outcomes)를 포함하며, 시행 결과 전체를 의미하는 표본 공간(sample space)의 부분집합이다.

예 1~6이 적힌 정육면체 주사위를 던질 때 사건으로 '3보다 작은 수인 사건', '짝수인 사건', '2의 눈인 사건' 등이 있다.

E

IM

Problem 2

For each event, write the sample space and tell how many outcomes there are.

1. Lin selects one type of lettuce and one dressing to make a salad.

   Lettuce types: iceberg, romaine
   Dressings: ranch, Italian, French

2. Diego chooses rock, paper, or scissors, and Jada chooses rock, paper, or scissors.

3. Spin these 3 spinners.

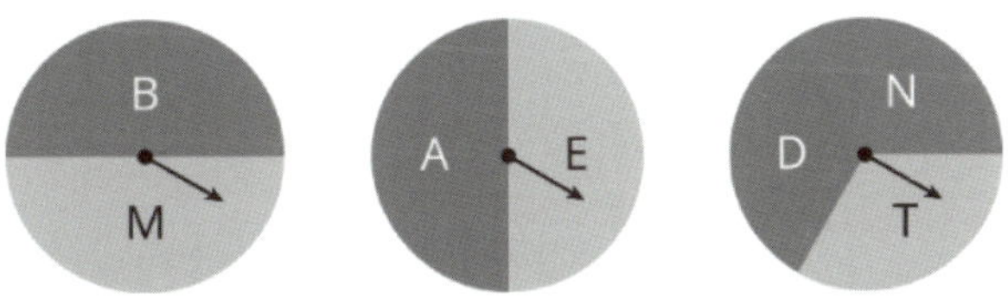

expand

전개하다 [factor 참고]

뜻 다항식의 곱을 단항식의 합의 꼴로 나타내는 것.

설 명

- 다항식의 곱을 전개하기 위해 분배법칙(distributive property)이 사용되며, 전개하기 전과 후의 두 식은 동치(equivalent)이다. 분배법칙을 사용하여 다항식을 전개하고, 동류항끼리 계산하여 식을 간단히 한다.

- 간단한 형태인 $x(x+a)=x^2+ax$,
  일반적 형태인 $(ax+b)(cx+d)=acx^2+(ad+bc)x+bd$
  등이다.

- 인수분해(factor)와 역 과정이다.

$$x(x+a) \underset{\text{인수분해}}{\overset{\text{전개}}{\rightleftarrows}} x^2+ax$$

예 $3(x-2)$를 전개하면 $3x-6$

IM

Problem 1

1. Expand to write an equivalent expression: $\frac{-1}{4}(-8x+12y)$
2. Factor to write an equivalent expression: $36a-16$

F

factor (an expression)

인수분해하다 [▶ expand 참고]

뜻 주어진 수나 식을 인수들의 곱의 꼴로 나타내는 것

설 명

- 인수분해를 할 때는 식을 전개할 때 사용한 분배법칙의 역과정을 생각하여 합을 곱의 꼴로 고친다. 원래 식과 인수분해한 식은 동치(equivalent)이다.
- factor는 식을 인수분해한다는 의미뿐만 아니라 항이나 식에 곱해진 수, 즉 인수 또는 수의 약수를 의미하기도 한다.

예 $3xy-12x$를 인수분해하면, 두 항에 공통인 $3x$를 묶어내어 $3x(y-4)$가 된다.

IM

Problem 2

Lin missed math class on the day they worked on expanding and factoring. Kiran is helping Lin catch up.

1. Lin understands that expanding is using the distributive property, but she doesn't understand what factoring is or why it works. How can Kiran explain factoring to Lin?
2. Lin asks Kiran how the diagrams with boxes help with factoring. What should Kiran tell Lin about the boxes?
3. Lin asks Kiran to help her factor the expression $-4xy-12xz+20xw$. How can Kiran use this example to Lin understand factoring?

five-number summary

다섯 수 요약 [▶ box plot, outlier 참고]

뜻 자료의 중심 경향과 분포를 설명하는 통계적 요약으로, 이 요약은 아래 설명된 다섯 개의 값을 사용하며, 자료를 크기 순으로 정렬한 다음 구할 수 있다.

1. 최솟값(minimum): 자료에서 가장 작은 값
2. 제 1 사분위수(Q1 또는 25th percentile): 자료를 정렬했을 때, $\frac{1}{4}$인 25% 지점에 해당하는 값
3. 중앙값(median 또는 제 2 사분위수, Q2): 자료를 정렬했을 때, $\frac{1}{2}$인 가운데에 위치한 값
4. 제 3 사분위수(Q3 또는 75th percentile): 자료를 정렬했을 때, $\frac{3}{4}$인 75% 지점에 해당하는 값
5. 최댓값(maximum): 자료에서 가장 큰 값

설 명 이 다섯 개의 값은 상자그래프(box plot)를 그릴 때 유용하며, 자료의 전체적인 분포(distribution)와 이상치(outliers)를 파악하는 데 도움을 준다.

시각적 표 현

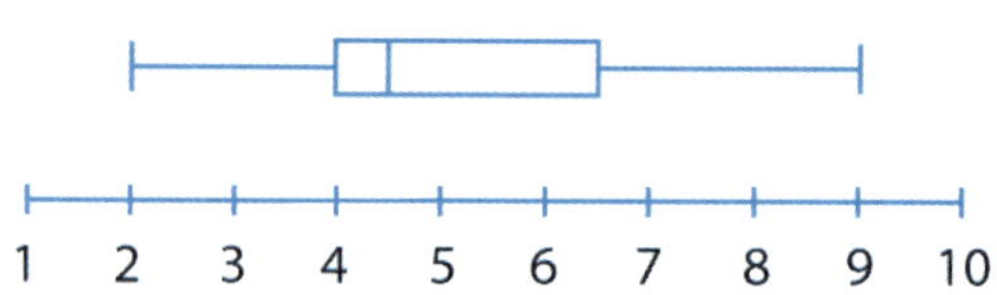

IM

Here are the ages of the people at one party, listed from least to greatest.

7 8 9 10 10 11 12 15 16 20 20 22 23 24 28 30 33 35 38 42

1. a. Find the median of the data set and label it "50th percentile." This splits the data into an upper half and a lower half.
   b. Find the middle value of the *lower* half of the data, without including the median. Label this value "25th percentile."
   c. Find the middle value of the *upper* half of the data, without including the median. Label this value "75th percentile."
2. You have split the data set into four pieces. Each of the three values that split the data is called a **quartile**.
   - We call the 25th percentile the *first quartile*. Write "Q1" next to that number.
   - The median can be called the *second quartile*. Write "Q2" next to that number.
   - We call the 75th percentile the *third quartile*. Write "Q3" next to that number.
3. Label the lowest value in the set "minimum" and the greatest value "maximum."
4. The values you have identified make up the *five-number summary* for the data set. Record them here.

   minimum: ____ Q1: ____ Q2: ____ Q3: ____ maximum: ____

5. The median of this data set is 20. This tells us that half of the people at the party were 20 years old or younger, and the other half were 20 or older. What do each of these other values tell us about the ages of the people at the party?

   a. the third quartile
   b. the minimum
   c. the maximum

F

frequency

도수, 빈도 [▶ relative frequency 참고]

뜻 도수, 빈도는 자료가 몇 번 발생했는지를 말한다.

예 다음 표는 고양이 20마리의 색깔별 도수를 정리한 것이다. white의 도수가 4이므로 흰색 고양이가 4마리라는 의미이다.

color	frequency
white	4
brown	7
black	3
multi-color	6

IM

For example, suppose there were 21 dogs in the park, some white, some brown, some black, and some multi-color. The table shows the frequency and the relative frequency of each color.

color	frequency	relative frequency
white	5	$\frac{5}{21}$
brown	7	$\frac{7}{21}$
black	3	$\frac{3}{21}$
multi-color	6	$\frac{6}{21}$

F

function

함수

뜻 정의역의 한 원소에 대해 공역의 오직 하나의 원소를 대응시키는 두 집합 사이의 관계를 말한다.

x에 따라 y가 정해지는 관계가 있을 때 y를 x의 함수라 한다. 두 변수에 대해 한 변수의 값이 정해짐에 따라 다른 변수의 값이 오직 하나씩 정해지는 관계이다.

설 명 한국에서는 함수의 정의가 중학교와 고등학교에서 다르다. 함수 개념은 다른 수학적 개념과 마찬가지로 수학의 역사 속에서 오랜 기간에 걸쳐 발달해왔고, 두 양의 종속적인 변화 관계로부터 대응 관계로의 변화를 볼 수 있다. 이를 반영하여 중학교와 고등학교에서의 정의가 다음과 같이 차이가 있다.

중학교에서는 두 변수 x, y에 대하여 한 변수 x의 값이 변함에 따라 다른 변수 y의 값이 오직 하나씩 정해지는 관계를 말한다.

고등학교에서는 두 집합 X, Y가 주어질 때, 집합 X의 각 원소에 집합 Y의 원소가 오직 하나씩만 대응할 때 이 대응관계를 집합 X에서 집합 Y로의 함수라 한다.

미국에서는 중학교 마지막 학년인 8학년 때 소개되는 개념으로 두 양 사이의 관계를 말하며 집합의 개념은 현재 미국 공립 수학교육과정에 포함되지 않는다. 보통 정의역의 원소를 input, 함숫값인 치역의 원소를 output으로 표현한다.

F

기 호 $f : \mathrm{X} \to \mathrm{Y}$, $y = f(x)$

X와 Y 두 집합이 있을 때, 함수 f는 X의 각 원소를 Y의 원소에 대응시키는 규칙으로 정의한다. $x = a$일 때, $f(a)$를 a의 함숫값이라 한다.

시각적 표 현

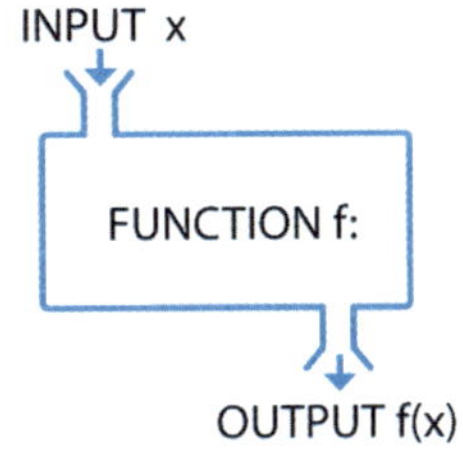

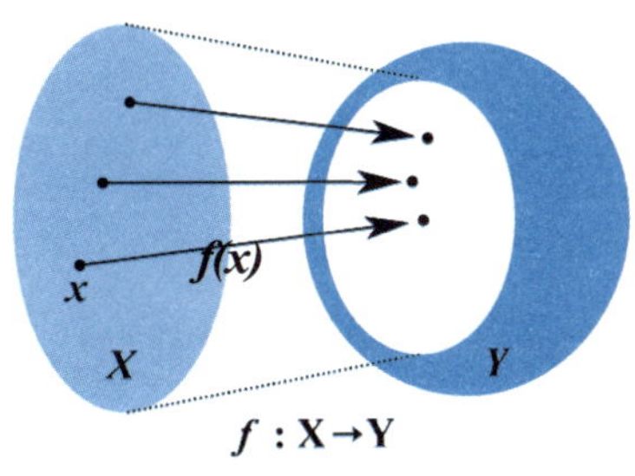

예

- y가 x에 정비례하는 $y=ax$(단, $a\neq0$)나 y가 x에 반비례하는 $y=\dfrac{a}{x}$ (단, a, $x\neq0$)에서 x의 값이 정해짐에 따라 y의 값이 오직 하나씩 정해지므로 정비례나 반비례는 함수의 예이다.
- 함수 $f(x)=2x-1$에서 $x=2$일 때 함숫값 $f(2)=3$이다.

IM

Antonio and Juan are in a 4-mile bike race. The graph below shows the distance of each racer (in miles) as a function of time (in minutes).

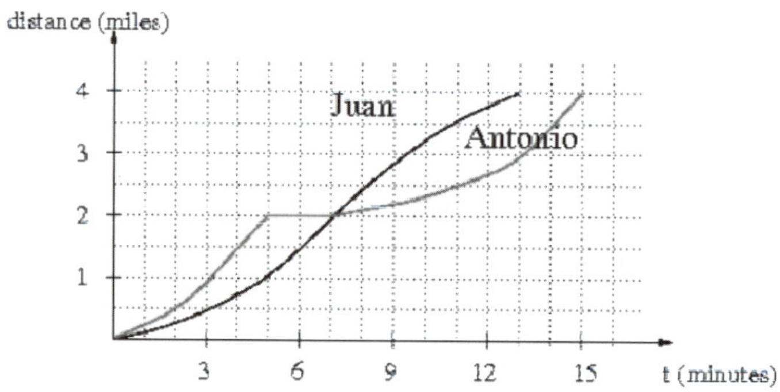

a. Who wins the race? How do you know?

b. Imagine you were watching the race and had to announce it over the radio, write a little story describing the race.

G

greatest common factor

최대공약수

뜻 두 자연수의 최대공약수는 두 수를 나누어 떨어지게 하는 가장 큰 수이다. 말그대로 공약수 중 가장 큰 수이다.

설 명 공약수는 최대공약수의 약수이므로 공약수를 구할 때 소인수분해를 이용하여 먼저 최대공약수를 구한 다음 그 약수로써 공약수를 구할 수도 있다.

기 호 GCF 또는 GCD, 각 단어의 첫 철자를 따서 GCF라 한다.

factor 대신 divisor를 써도 같은 의미로 무방하므로 GCD라고도 한다.

예 24와 36의 최대공약수 구하는 방법

방법 1: 최대공약수의 정의를 사용해서 구하는 방법으로
24의 약수는 1, 2, 3, 4, 6, 8, 12, 24
36의 약수는 1, 2, 3, 6, 12, 18, 36
따라서 24와 36의 공약수는 1, 2, 3, 6, 12이고
최대공약수는 12이다.

방법 2: 소인수분해를 이용하여 오른쪽과 같이 공통인 약수를 추출하여 구할

$$24 = 2 \times 2 \times 2 \times 3$$
$$36 = 2 \times 2 \times 3 \times 3$$
$$2 \times 2 \times 3 = 12$$

수도 있다. 주어진 수를 각각 소인수분해한 다음, 공통인 소인수를 모두 택하여 곱하는 것이다.

방법 3: 다음과 같이 공통 소인수로 나누어 구할 수도 있다.

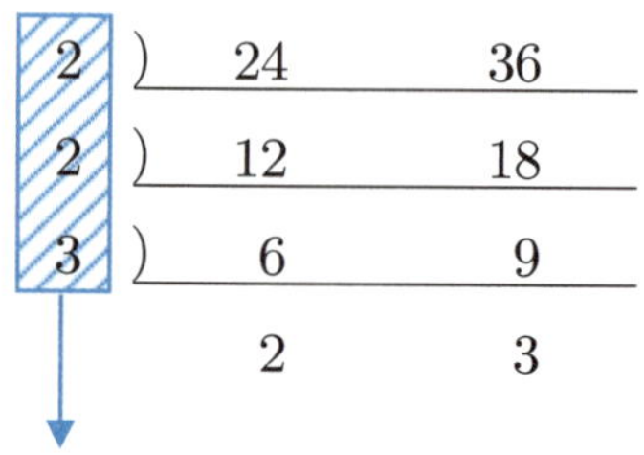

$2 \times 2 \times 3 = 12$

미국에서는 다음과 같이 fish diagram을 사용해서 최대공약수를 찾는 방법도 흔히 사용된다.

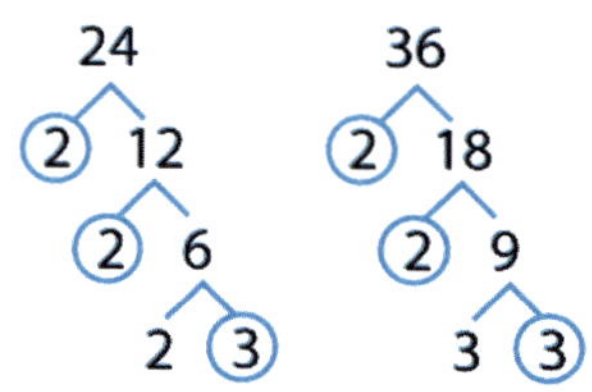

GCF = 2 x 2 x 3 = 12

G

IM

Problem 2

1. List all the factors of 42.
2. What is the greatest common factor of 42 and 15?
3. What is the greatest common factor of 42 and 50?

H

height (of a parallelogram or triangle)

(평행사변형 또는 삼각형의) 높이 [▶ base 참고]

뜻 밑변에서 대변(평행사변형의 경우) 또는 대각(삼각형의 경우)까지 이르는 거리를 말한다.

설 명

- 높이는 밑변에 수직이다.
- 두 선분 사이의 거리, 점으로부터 선분까지의 거리는 그은 선분 중 가장 짧은 선분의 길이를 말한다.
- 둔각삼각형의 경우, 어느 변을 밑변으로 정하는지에 따라 대각으로부터 밑변의 연장선에 수선이 그어질 수 있으므로 높이를 나타내는 선분이 삼각형의 외부에 있을 수 있다.

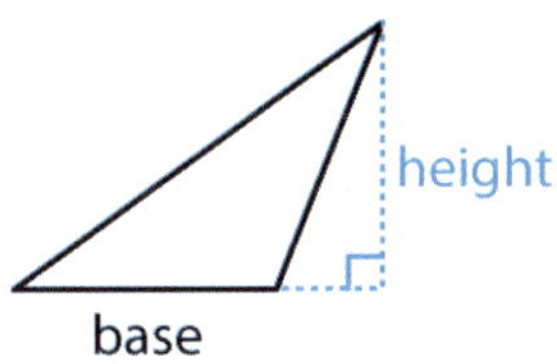

예 평면도형에서 높이는 밑변에 따라 상대적으로 정해진다. 다음 그림에서 보듯이 같은 도형일지라도 밑변을 어느 것으로 정하느냐에 따라 높이는 달라진다.

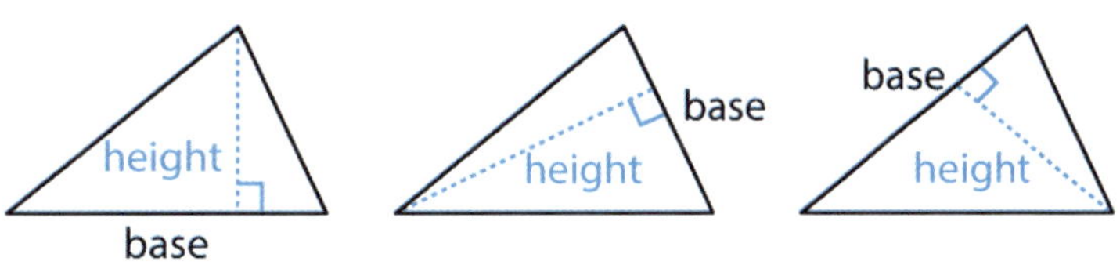

IM **Problem 3**

Here is a right triangle. Name a corresponding height for each base.

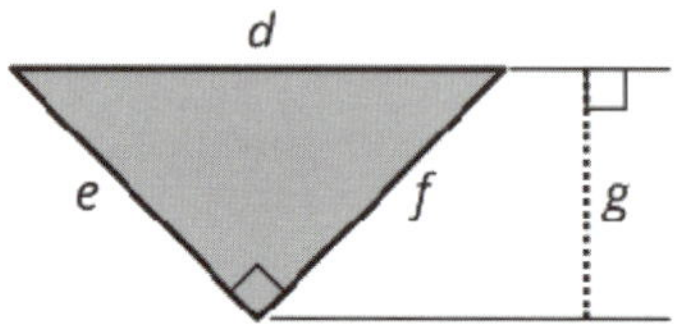

1. Side d
2. Side e
3. Side f

histogram

히스토그램

뜻 도수분포표의 각 계급의 양 끝 값을 가로축에 표시하고 그 계급의 도수를 세로축에 표시하여 직사각형 모양으로 나타낸 그래프

설 명 막대그래프와 유사하지만 수량을 구간으로 나누어 나타내므로 막대의 밑변이 구간 전체를 차지하여 막대를 표현한다는 점에서 차이가 있다.

시각적 표 현

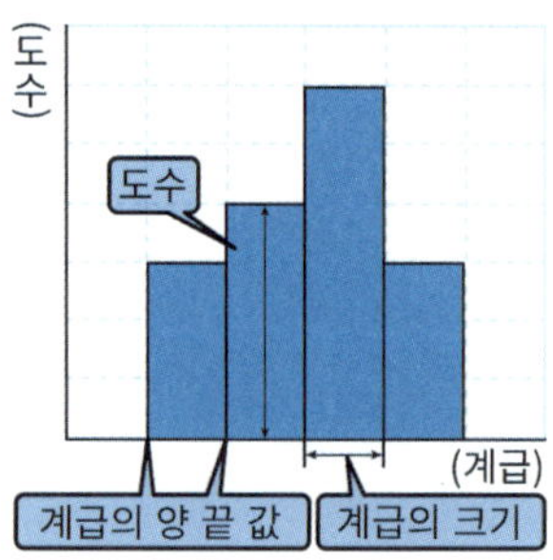

예 오른쪽 히스토그램은 점수 구간별 학생 수를 나타낸다.

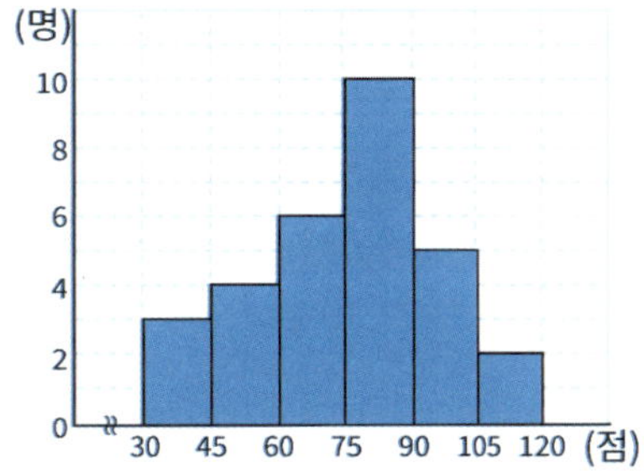

IM

Problem 3

Here is a histogram that summarizes the lengths, in feet, of a group of adult female sharks. Select **all** the statements that are true, according to the histogram.

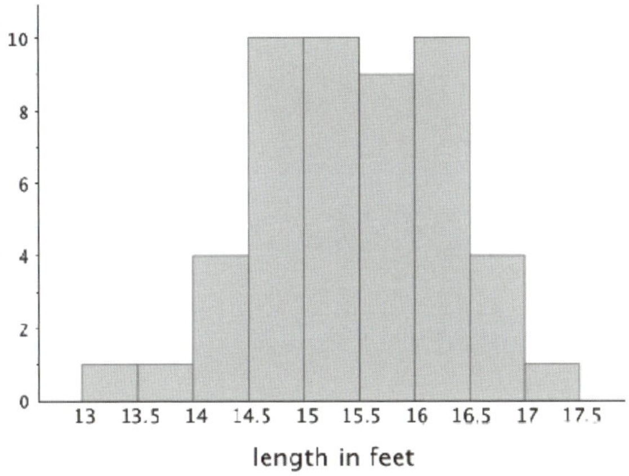

A:

A total of 9 sharks were measured.

B:

A total of 50 sharks were measured.

C:

The longest shark that was measured was 10 feet long.

D:

Most of the sharks that were measured were over 16 feet long.

E:

Two of the sharks that were measured were less than 14 feet long.

H

hypotenuse

빗변 [▶ legs 참고]

뜻 직각삼각형에서 직각의 대변으로, 세 변 중 가장 긴 변이다.

시각적 표현

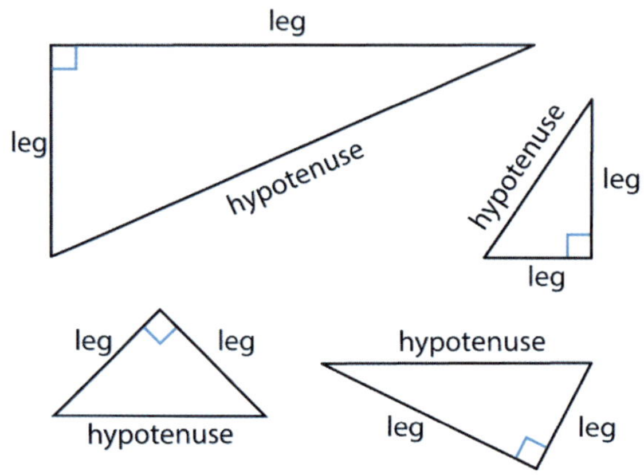

IM Label all the hypotenuses with c.

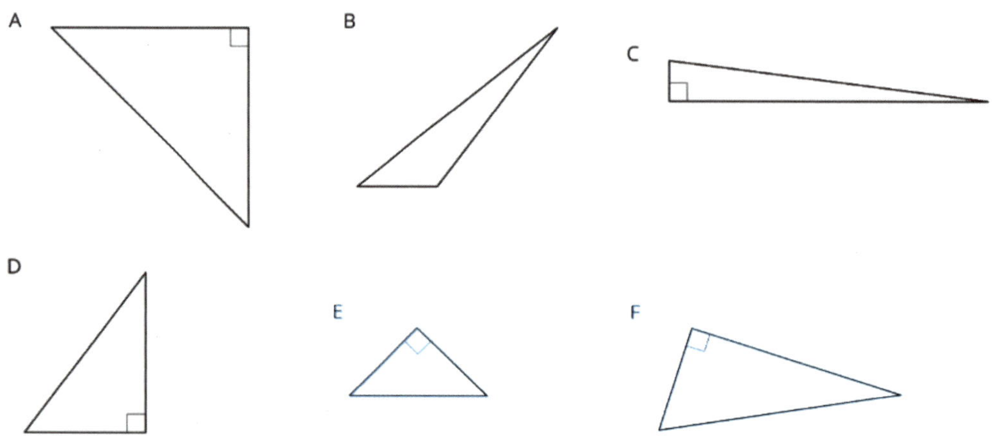

image

상

뜻 변환의 결과를 말하며, 주로 합동변환에서 다루어진다. 함수에서는 정의역의 원소(들)에 대응하는 공역의 원소(들)를 말한다.

설 명

- 합동변환에서 원래 도형과 상은 합동이다.
- 상(image)에 대해 원래 도형을 pre-image라 한다. 즉 pre-image를 변환시켜 image를 얻는다.

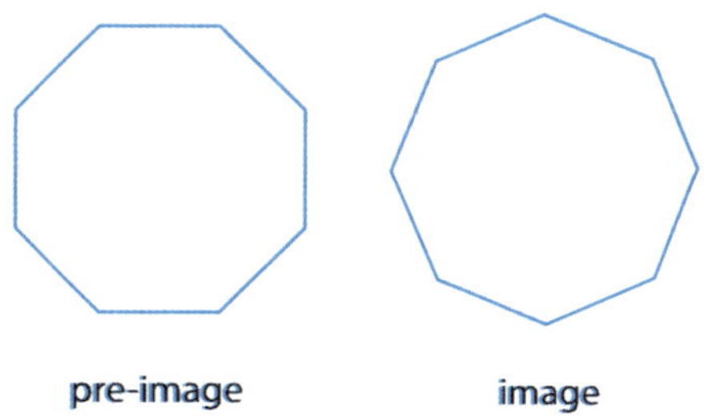

- 함수 $f: A \to B$가 있을 때, 집합 B의 부분집합인 $f(A)$를 함수 f의 image라고 한다.

예 삼각형 ABC를 평행이동하여 얻은 image가 삼각형 DEF이다.

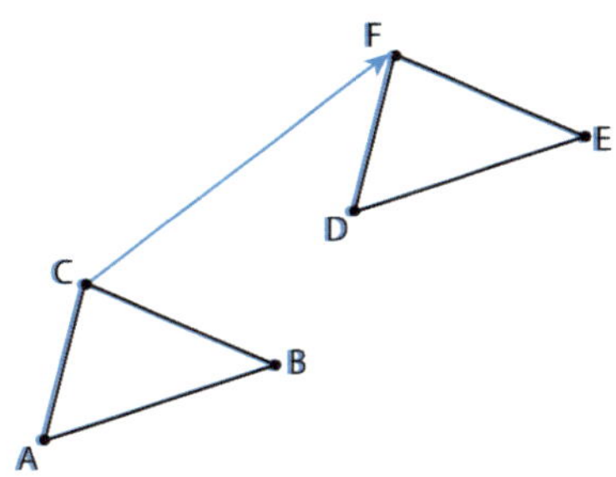

IM

Problem 3

1. Draw the translated image of $ABCDE$ so that vertex C moves to C'. Tracing paper may be useful.

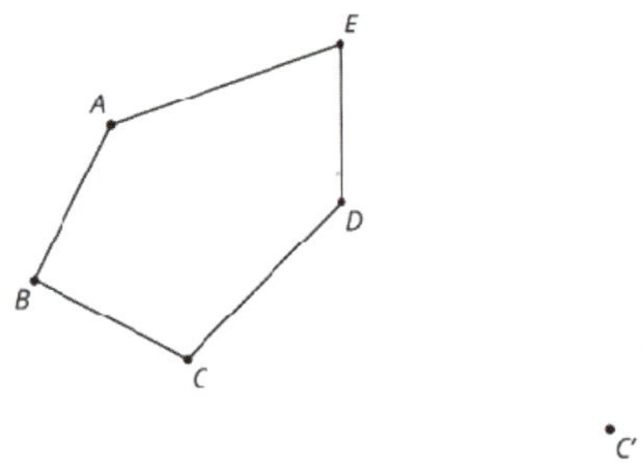

2. Draw the reflected image of Pentagon $ABCDE$ with line of reflection ℓ. Tracing paper may be useful.

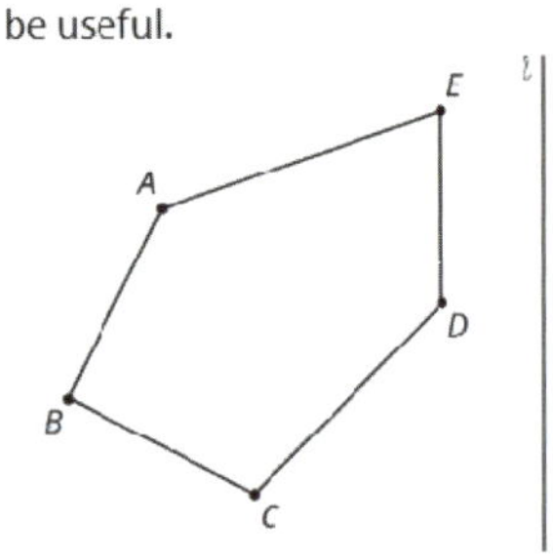

independent variable

독립변수 [▶ dependent variable 참고]

뜻 함수의 input을 나타내는 변수로, 함수 $f: X \rightarrow Y$, $y = f(x)$에서 x가 독립변수이다.

설 명 실험, 연구 또는 함수에서 조작 또는 변화시키는 변수로서, 일반적으로 x로 나타내며, 함수의 그래프에서 가로축에 해당한다.

I

예

- 공부 시간이 시험 성적에 미치는 영향을 조사하는 실험에서, 공부 시간이 독립변수가 될 수 있다. 실험자는 공부 시간을 조절하고 다른 모든 변수를 일정하게 유지하여 공부 시간이 시험 성적에 미치는 영향을 확인한다. 따라서 공부 시간은 이 실험에서 독립변수로 취급된다.
- 빵 만드는 어떤 기계가 밀가루 1kg 당 빵 0.5kg을 만든다. 이 기계를 이용하여 밀가루 $x$kg으로 만든 빵을 $y$kg이라 하면, $y=0.5x$가 성립한다. 이때 밀가루의 무게 x가 독립변수, 빵의 무게 y가 종속변수이다.

IM

Problem 1

A car is traveling down a road at a constant speed of 50 miles per hour.

1. Complete the table with the amounts of time it takes the car to travel certain distances, or the distances traveled for certain amounts of time.
2. Write an equation that represents the distance traveled by the car, d, for an amount of time, t.
3. In your equation, which is the dependent variable and which is the independent variable?

time (hours)	distance (miles)
2	
1.5	
t	
	50
	300
	d

I

interquartile range

사분범위 [box plot 참고]

뜻 자료의 제1사분위수(Q1)에서 제3사분위수(Q3)까지의 거리를 말한다.

설 명

- 자료의 분포를 알려주며 변이성의 유용한 측도이다.
- $\frac{1}{4}$선을 the first quartile(제1사분위수), $\frac{3}{4}$선을 the third quartile(제3사분위수)이라 하므로, 상자그래프에서 상자로 나타낸 부분의 길이에 해당한다.

기 호 IQR

예 다음 자료에서 Q1은 30, Q3는 50이므로 IQR은 $50-30=20$이다.

25, 27, 30, 32, 37, 41, 46, 49, 50, 54, 59

Q1 (30), Q3 (50)

IM

Problem 2 In a word game, 1 letter is worth 1 point. This dot plot shows the scores for 20 common words.

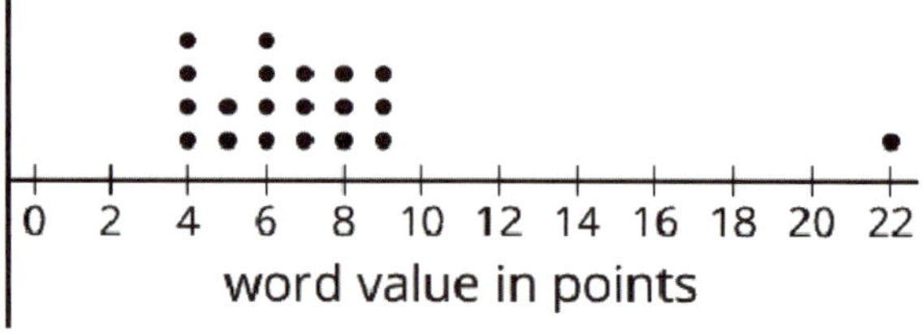

I

1. What is the median score?
2. What is the first quartile (Q1)?
3. What is the third quartile (Q3)?
4. What is the interquartile range (IQR)?

irrational number

무리수 [▶ rational number 참고]

뜻 유리수가 아닌 실수, 즉 분자, 분모가 정수인 분수 형태로 나타낼 수 없는 실수

예 $\sqrt{2}$, π

root로 표현되어 있다고 해서 무리수인 것은 아니다. $\sqrt{25}$는 5이므로 유리수이다.

IM

Problem 1

Decide whether each number in this list is *rational* or *irrational*.

$$\frac{-13}{3},\ 0.1234,\ \sqrt{37},\ -77,\ -\sqrt{100},\ -\sqrt{12}$$

I

L

least common multiple

최소공배수

뜻 두 개 이상의 자연수의 공통인 배수를 그 자연수들의 공배수라 하고, 공배수 중에서 가장 작은 수를 최소공배수라 한다.

설 명 공배수는 최소공배수의 배수이므로 공배수를 구할 때 소인수분해를 이용하여 먼저 최소공배수를 구한 다음 그 배수로써 공배수를 구할 수도 있다.

기 호 LCM, 각 단어의 첫 철자를 따서 LCM이라 한다.

예 24와 36의 최소공배수 구하는 방법

방법 1: 최소공배수의 정의에 따라

24의 배수는 24, 48, 72, 96, 120, 144, ⋯

36의 배수는 36, 72, 108, 144, ⋯

따라서 24와 36의 공배수는 72, 144, ⋯이고

최소공배수는 72이다.

방법 2: 소인수분해를 이용하여 오른쪽과 같이 구할 수도 있다. 주어진 수를 각각 소인수분해한 다음, 어느 쪽이든 있는 소인수를 모두 택하여 곱하는 것이다.

$$24 = 2 \times 2 \times 2 \times 3$$
$$36 = 2 \times 2 \times 3 \times 3$$
$$2 \times 2 \times 2 \times 3 \times 3 = 72$$

방법 3: 다음과 같이 공통 소인수로 나누어 구할 수도 있다.

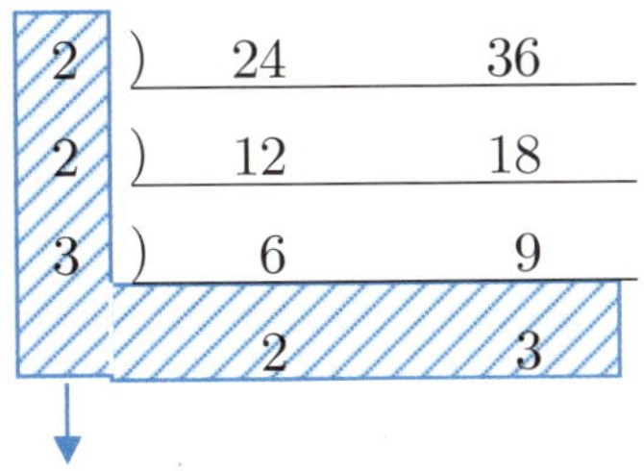

$2 \times 2 \times 3 \times 2 \times 3 = 72$

미국에서 흔히 사용하는 방법 중 하나는 기본적으로 소인수 분해를 응용한 다음과 같은 방법이다.

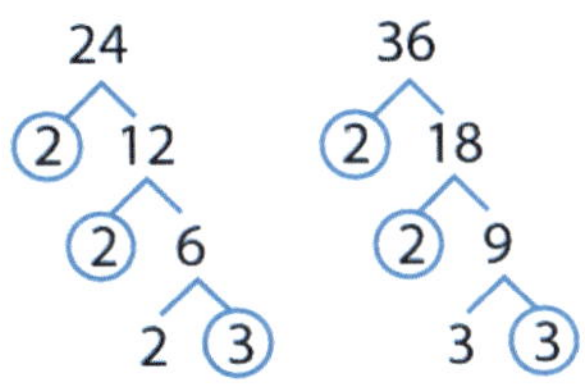

LCM = 2 x 2 x 3 x 2 x 3 = 72

IM

Problem 2

1. List all multiples of 10 up to 100.
2. List all multiples of 15 up to 100.
3. What is the least common multiple of 10 and 15?

L

legs

직각삼각형의 빗변이 아닌 두 변 [hypotenuse 참고]

뜻 직각삼각형에서 직각을 만드는 두 변

시각적 표현

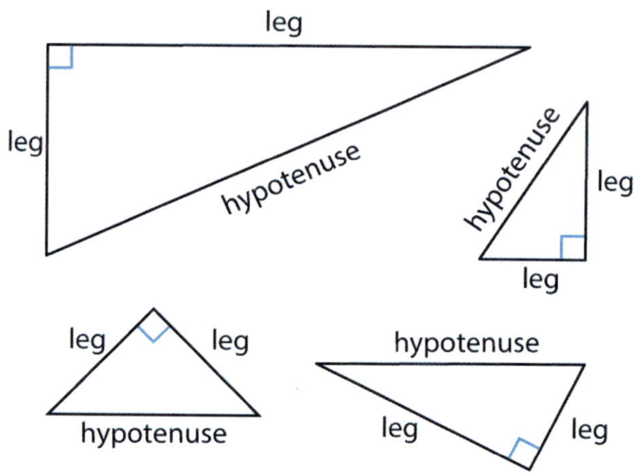

IM

Problem 2

A right triangle has a hypotenuse of 15 cm. What are possible lengths for the two legs of the triangle? Explain your reasoning.

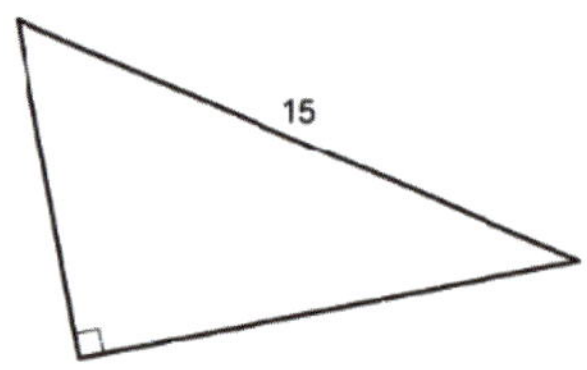

L

linear function

일차함수

뜻 input과 output이 선형관계인 함수로, 변화율이 일정하다.

설 명 그래프로 나타내면 직선(line)이 되기 때문에 line의 형용사형인 'linear'를 사용해 linear 함수라고 생각하면 기억하기 쉽다. 그래프가 직선으로 나타나기 때문에 input이 1만큼 증가할 때 output의 증가량이 일정하다. 미국에서는 함수의 변수로 항상 x, y만 사용하지 않고 다양한 문자를 사용하기 때문에, x, y보다 input, output으로 기억하는 것이 더 유용할 수 있다.

기 호 $f(x)=mx+b$ (m: slope(기울기), b: vertical intercept(세로 절편)), 한국에서는 기울기를 a로 표현하는 경우가 많은데 미국에서는 m을 주로 사용한다.

IM

Problem 1

On the first day after the new moon, 2% of the Moon's surface is illuminated. On the second day, 6% is illuminated.

1. Based on this information, predict the day on which the Moon's surface is 50% illuminated and 100% illuminated.
2. The Moon's surface is 100% illuminated on day 14. Does this agree with the prediction you made?
3. Is the percentage illumination of the Moon's surface a linear function of the day?

L

linear relationship

선형관계 [proportional relationship 참고]

뜻 두 양 사이의 선형관계는 한 양이 어떤 양만큼 변할 때 다른 양도 항상 정해진 양만큼 변하는 관계를 말한다. 두 양의 변화율, 즉 직선의 기울기가 상수인 관계이다.

설 명 이와 같은 관계를 선형관계라고 지칭하는 이유는 두 양의 관계를 나타내는 그래프가 직선이기 때문이다.
특히 한 양이 다른 양의 몇 배인 관계이면, 비례관계(proportional relationship)가 성립한다. 즉 비례관계는 선형관계의 특별한 경우이다. 비례관계와 선형관계를 그래프, 표, 등식 등 다양한 표현을 통해 비교하는 것이 중요하다.

예 현재 저축액이 200달러이다. 매월 100달러씩 저축한다면 개월 수와 저축액은 선형관계이다. 1개월차 저축액은 300달러, 2개월차 400달러, … n개월차 $(200+100n)$ 달러이다.

표로 나타내면 다음과 같다.

개월 수	1	2	3
저축액	300	400	500

이를 그래프로는 오른쪽과 같이 나타낼 수 있다.

개월 수가 1만큼 증가할 때 저축액은 100만큼 증가한다.

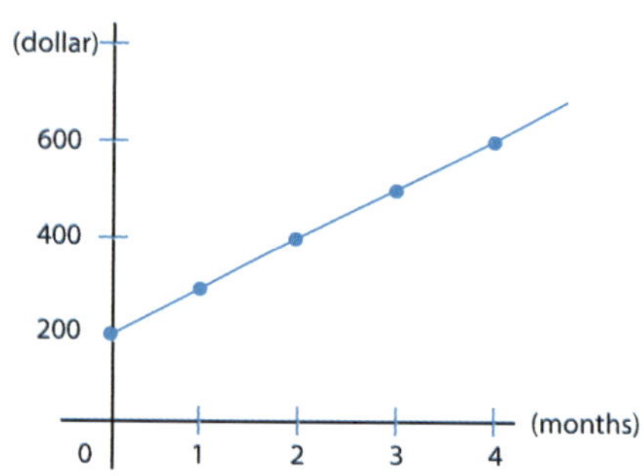

IM

- Andre starts babysitting and charges $10 for traveling to and from the job, and $15 per hour. For every additional hour he works he charges another $15. If we graph Andre's earnings based on how long he works, we have a line that starts at $10 on the vertical axis and then increases by $15 each hour. A **linear relationship** is any relationship between two quantities where one quantity has a constant **rate of change** with respect to the other.
- Create a graph that shows three linear relationships with different y-intercepts using the following slopes, and write an equation for each line.

Slopes:

- $\frac{1}{5}$
- $\frac{3}{5}$
- $\frac{6}{5}$

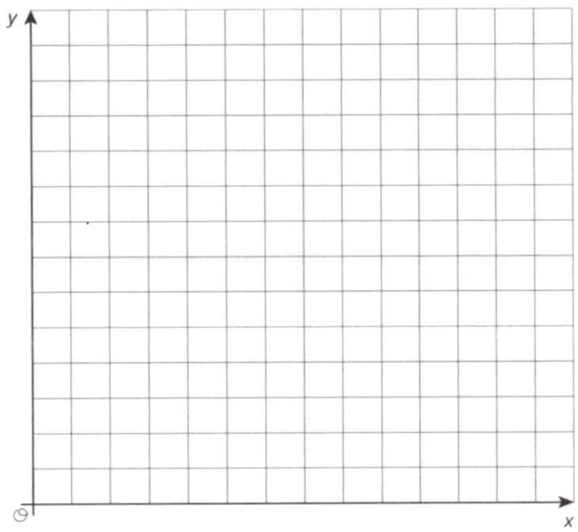

long division

세로나눗셈, 긴 나눗셈, 장제법

뜻 피제수의 왼쪽부터 오른쪽으로 한 자리씩 몫을 찾아가는 나눗셈 과정을 단계별로 보여주는 방법이다.

설 명 나눗셈에서 피제수를 dividend, 제수를 divisor, 몫을 quotient, 나머지를 remainder라고 한다.

L

예 765÷11의 세로나눗셈은 다음과 같다. 왼쪽은 자연수의 범위에서 몫과 나머지를 구한 것이고, 오른쪽은 몫이 소수가 되도록 피제수의 5 아래 소수점을 생각하여 0을 내려서 계속 나누어가는 것을 나타낸다.

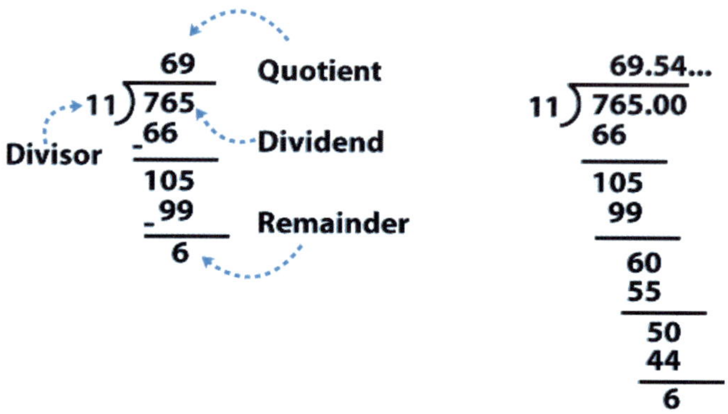

IM

Problem 2

Here is a long-division calculation of $917 \div 7$.

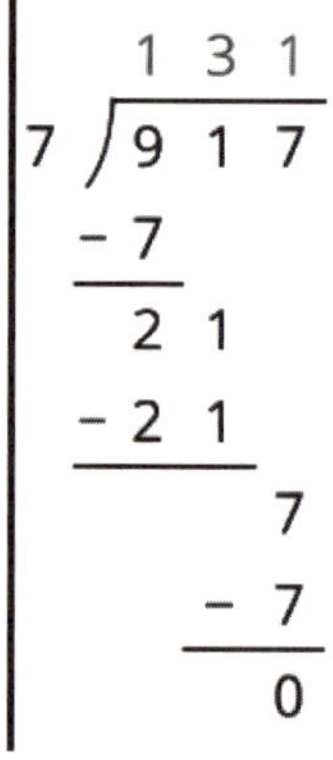

1. There is a 7 under the 9 of 917. What does this 7 represent?
2. What does the subtraction of 7 from 9 mean?
3. Why is a 1 written next to the 2 from $9 - 7$?

M

mean

평균 [▶ average 참고]

뜻 mean은 보통 산술평균(arithmetic mean)을 의미하며 이때 mean은 average와 동일한 의미다. 즉 전체 자료를 고르게 한 대푯값으로, 각 자료를 모두 더한 총합을 자료의 개수로 나누어 구한다.

설 명 산술평균(arithmetic mean), 기하평균(geometric mean), 조화평균(harmonic mean) 등이 있다. mcan만 쓸 때는 보통 산술평균을 의미한다.

기하평균 (geometric mean): $\sqrt[n]{(a_1 \times a_2 \times \cdots \times a_x)}$

조화평균 (harmonic mean): $\dfrac{n}{\left(\dfrac{1}{a_1}+\dfrac{1}{a_2}+\ldots+\dfrac{1}{a_n}\right)}$

예 자료 10, 8, 21, 17, 13, 15의 mean은

$$\frac{10+8+21+17+13+15}{6}=14$$

IM

Problem 3

In his history class, Han's homework scores are:

100 100 100 100 95 100 90 100 0

The history teacher uses the mean to calculate the grade for homework. Write an argument for Han to explain why median would be a better measure to use for his homework grades.

M

mean absolute deviation

평균절대편차

뜻 통계 처리에서 각 변량과 평균과의 차의 절댓값의 평균

설 명 각 자료에 해당하는 점과 평균 사이의 거리의 합을 자료의 수로 나누어 구하며, 각 자료가 평균으로부터 대체로 얼마나 벗어나는지를 의미한다.

기 호 MAD, 각 단어의 첫 철자를 따서 MAD라고 한다.

예 자료가 7, 9, 12, 13, 14일 때 MAD는

산술평균(mean)이 $\frac{7+9+12+13+14}{5}=11$이므로

평균절대편차(MAD)=

$$\frac{|7-11|+|9-11|+|12-11|+|13-11|+|14-11|}{5}=\frac{12}{5}=2.4$$

이다.

IM

Problem 2

4. Calculate the mean absolute deviation (MAD) of the data. Explain or show your reasoning.

Ten sixth-grade students recorded the amounts of time each took to travel to school. The dot plot shows their travel times.

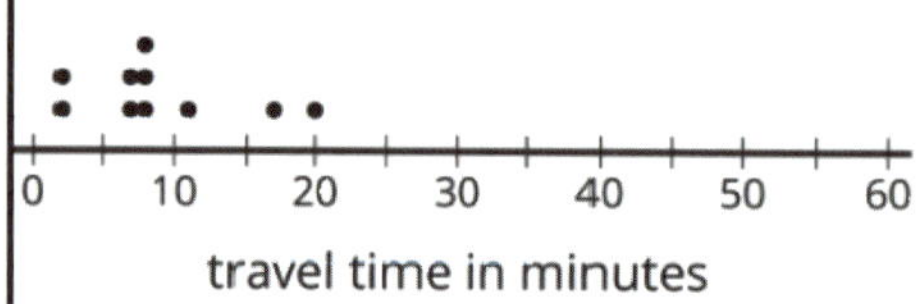

The mean travel time for these students is approximately 9 minutes. The MAD is approximately 4.2 minutes.

1. Which number of minutes—9 or 4.2—is a typical amount of time for the ten sixth-grade students to travel to school? Explain your reasoning.
2. Based on the mean and MAD, Jada believes that travel times between 5 and 13 minutes are common for this group. Do you agree? Explain your reasoning.
3. A different group of ten sixth-grade students also recorded their travel times to school. Their mean travel time was also 9 minutes, but the MAD was about 7 minutes. What could the dot plot of this second data set be? Describe or draw how it might look.

measurement error

측정 오차

뜻 측정값과 참값의 차의 절댓값이다.

예 실제 길이(참값)가 4.56cm인 선분을 재어 측정값 4.6cm를 얻었다. 이때 측정 오차는 $|4.56-4.6|=0.04$cm이다.

IM

Problem 1

The depth of a lake is 15.8 m.

1. Jada accurately measured the depth of the lake to the nearest meter. What measurement did Jada get?
2. By how many meters does the measured depth differ from the actual depth?
3. Express the measurement error as a percentage of the actual depth.

M

measure of center

대푯값

뜻 자료전체를 대표하는 값으로, mean(평균), median(중앙값), mode(최빈값) 등이 상황에 따라 적합하게 사용된다.

예 mean, median, mode

IM

A movie rating website has many people rate a new movie on a scale of 0 to 100. Here is a dot plot showing a random sample of 20 of these reviews.

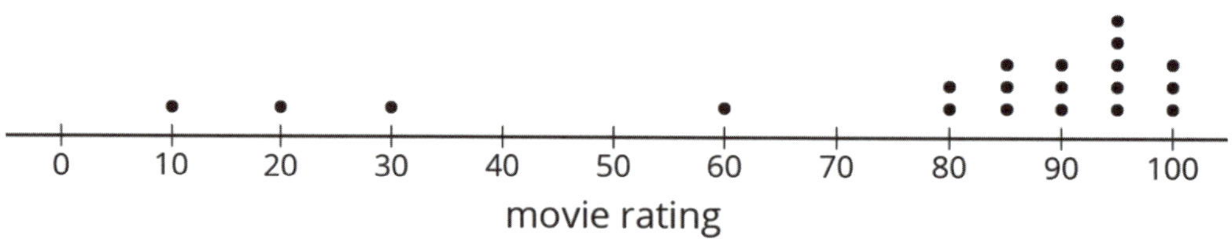

1. Would the mean or median be a better measure for the center of this data? Explain your reasoning.
2. Use the sample to estimate the measure of center that you chose for *all* the reviews.
3. For this sample, the mean absolute deviation is 19.6, and the interquartile range is 15. Which of these values is associated with the measure of center that you chose?
4. Movies must have an average rating of 75 or more from all the reviews on the website to be considered for an award. Do you think this movie will be considered for the award? Use the measure of center and measure of variability that you chose to justify your answer.

M

median

중앙값

뜻 대푯값의 한 유형으로, 변량을 크기 순서로 배열할 때 가운데 위치하는 수이다.

설 명 다섯 수 요약에서 가운데 위치한 제2사분위수 second quartile이 중앙값에 해당한다.

예 자료가 7, 9, 12, 13, 14일 때 중앙값은 12이다. 자료의 수가 짝수일 때는 중앙에 2개의 수가 있다. 그 두 수가 같으면 바로 그 수가 중앙값이고, 다른 수이면 두 수의 평균이 중앙값이다. 예를 들어 자료가 3, 5, 6, 8, 11, 12일 때 중앙값은 6과 8의 평균인 7이다.

IM

Problem 3

The medians of the following dot plots are 6, 12, 13, and 15, but not in that order. Match each dot plot with its median.

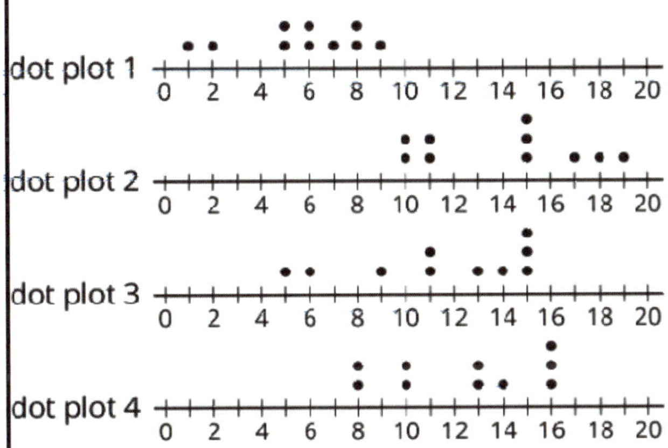

M

meters per second

초속

뜻 1초당 이동한 미터 수를 나타내는 속력 단위

설 명 미국에서는 속력 단위로 meters per second 보다 miles per hour (MPH)가 더 흔하게 쓰인다.

기 호 m/s

예

- 20초 동안 100m를 달린 학생은 1초당 $\frac{100}{20}=5$meter를 간 것이므로 이 학생의 속력은 5m/s이다.
- 3m/s로 간 사람이 2m/s으로 간 사람보다 빠르다.

IM

Problem 2

1. How could you distinguish between traveling west at 5 miles per hour and traveling east at 5 miles per hour without using the words "east" and "west"?
2. Four people are cycling. They each start at the same point. (0 represents their starting point.) Plot their finish points after five seconds of cycling on a number line

   - Lin cycles at 5 meters per second
   - Diego cycles at -4 meters per second
   - Elena cycles at 3 meters per second
   - Noah cycles at -6 meters per second

N

negative association

음의 상관관계

뜻 한 변수가 증가함에 따라 다른 한 변수는 감소하는 두 양 사이의 관계를 말한다.

예 오른쪽 산점도에서 점들이 음의 기울기를 갖는 직선 주변에 몰려 있어 전체적으로 그 직선을 따라 분포하는 것으로 보인다. 가격과 판매량은 음의 상관관계임을 보여준다.

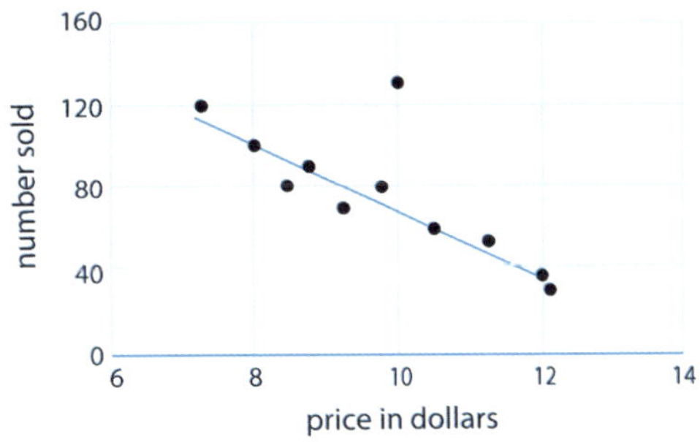

IM

What do you think the association between the weight of a car and its fuel efficiency is?

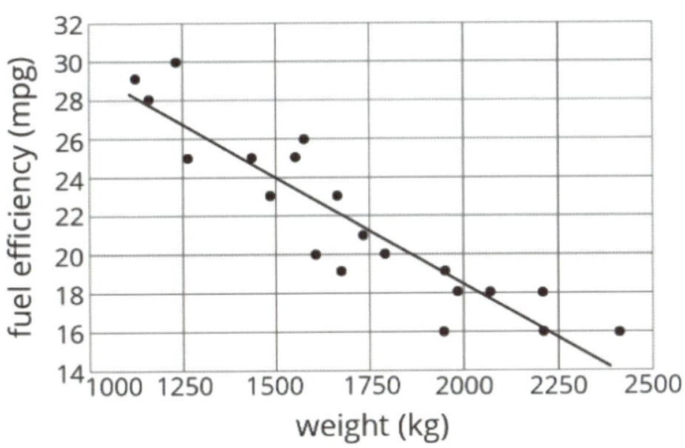

Because the slope of a line that fits the data well is negative, we say that there is a **negative association** between the fuel efficiency and weight of a car.

negative number

음수

뜻 0보다 작은 수

설 명 숫자 앞에 음의 부호(−)를 붙여서 나타낸다.

기 호 $-a$ (a는 양수)

시각적 표 현 음수는 수평으로 그린 수직선에서 0의 왼쪽에, 수직으로 그린 수직선에서 0의 아래쪽에 나타낸다.

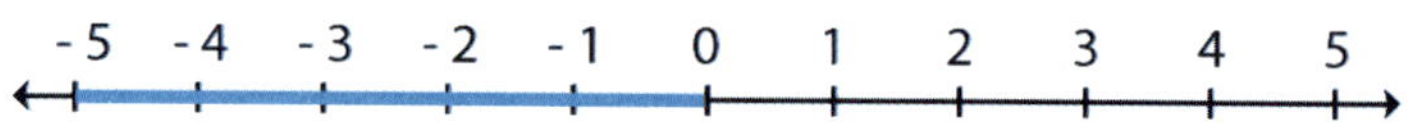

예 $-1,\ -5,\ -2.7,\ -\frac{2}{3},\ \cdots$

IM

We can use **positive numbers** and **negative numbers** to represent temperature and elevation.

When numbers represent temperatures, positive numbers indicate temperatures that are warmer than zero and negative numbers indicate temperatures that are colder than zero. This thermometer shows a temperature of -1 degree Celsius, which we write $-1°C$.

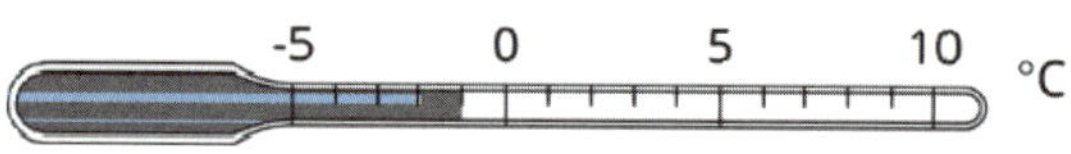

When numbers represent elevations, positive numbers indicate positions above sea level and negative numbers indicate positions below sea level.

We can see the order of signed numbers on a number line.

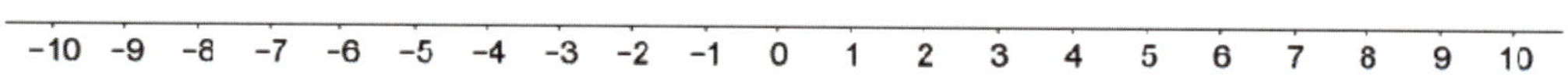

net

전개도

뜻 입체도형의 펼친 그림으로, 접어서 입체도형을 만들 수 있는 2차원 그림이다.

예 그림의 왼쪽부터 정육면체의 전개도, 원기둥의 전개도, 원뿔의 전개도이다.

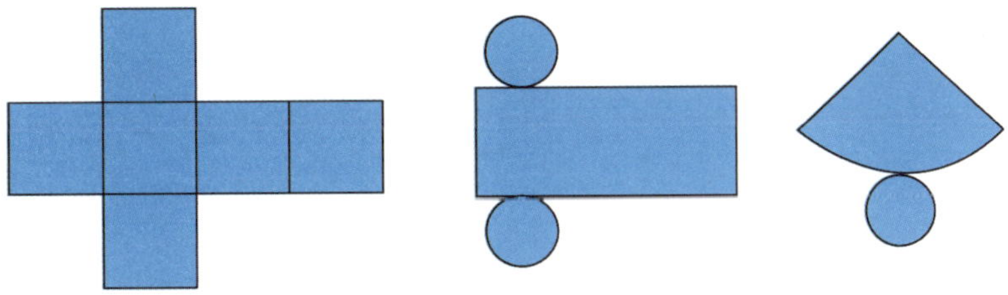

IM

Problem 3

1. What polyhedron can be assembled from this net? Explain how you know.

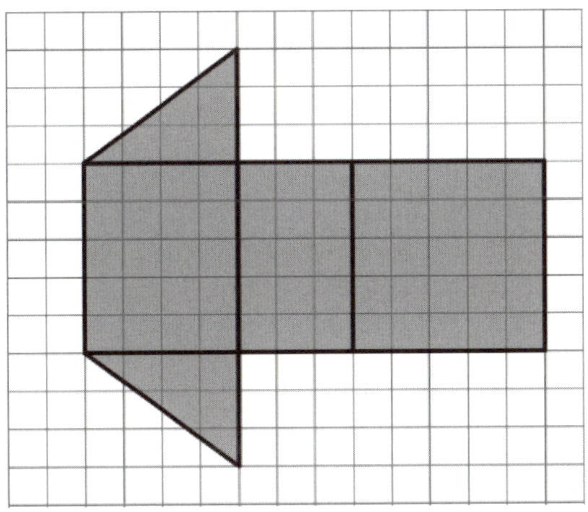

O

opposite

반수

뜻 수직선 상에서 0으로부터 반대 방향의 같은 거리에 있는 수

설 명 반(反)은 반대라는 의미로, 부호가 반대임을 뜻한다. 즉 수에 붙인 음의 부호는 수직선에서 0의 반대쪽에 위치함을 나타낸다. 따라서 어떤 수의 반수의 반수는 자기 자신이 된다. $-(-4)=4$

시각적 표현

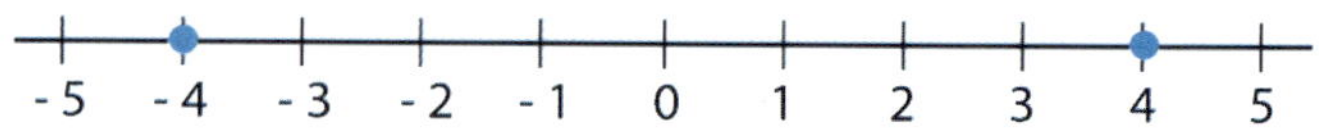

예

- 4의 반수는 -4이고 -4의 반수는 4이다.
- 0의 반수는 0이다.

IM

Problem 3

Plot these points on a number line.

- -1.5
- the opposite of -2
- the opposite of 0.5
- -2

opposite side, opposite angle, opposite vertex

대변, 대각, 마주보는 꼭짓점

뜻 삼각형, 사각형 등에서 마주보는 변, 마주보는 각, 마주보는 꼭짓점을 말한다.

설 명

- 여기서 opposite은 마주본다는 의미이다.
- opposite vertex는 직역하면 대꼭짓점이지만, 한국어로는 주로 대변과 대각만 사용된다.

예

- 삼각형 ABC에서 vertex A의 opposite side는 $\overline{BC}$이고 $\overline{AC}$의 opposite angle은 $\angle B$이다.

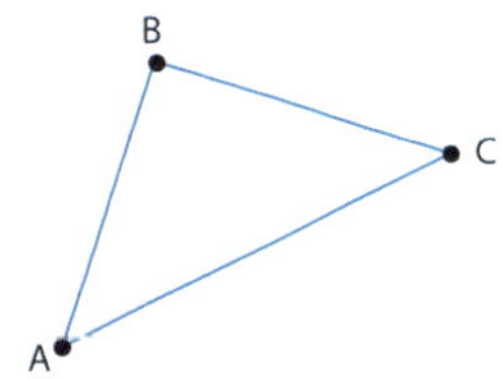

- 평행사변형 ABCD에서 opposite side $\overline{AD}$와 $\overline{BC}$는 평행이고, opposite angle $\angle A = \angle C$이다.

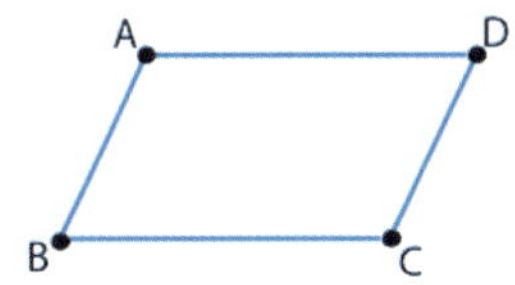

IM

- A **parallelogram** is a quadrilateral (it has four sides). The opposite sides of a parallelogram are parallel. It is also true that the opposite sides of a parallelogram have equal length, and the opposite angles of a parallelogram have equal measure.

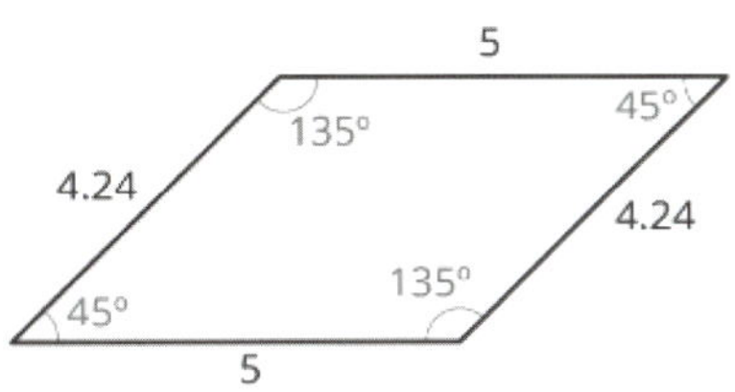

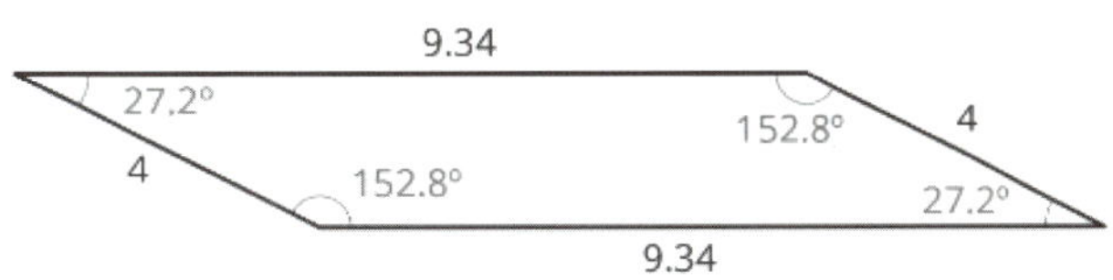

- A segment showing a height must be drawn at a right angle to the base, but it can be drawn in more than one place. It does not have to go through the opposite vertex, as long as it connects the base and a line that is parallel to the base and goes through the opposite vertex, as shown here.

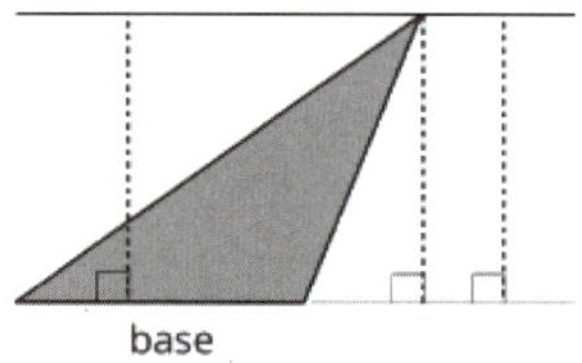

O

outcome

시행 결과

뜻 확률실험을 시행해서 나오는 결과를 말한다.

설 명 동전 던지기 실험의 결과는 앞과 뒤, 주사위 던지기 실험의 결과는 1~6으로, 반복 시행마다 각 결과의 가능성이 동일하다.

예 동전 1개와 주사위 1개를 던질 때 가능한 결과는 앞1, 앞2, 앞3, 앞4, 앞5, 앞6, 뒤1, 뒤2, 뒤3, 뒤4, 뒤5, 뒤6의 12가지이다.

IM

Problem 1

Noah is planning his birthday party. Here is a tree showing all of the possible themes, locations, and days of the week that Noah is considering.

1. How many themes is Noah considering?
2. How many locations is Noah considering?

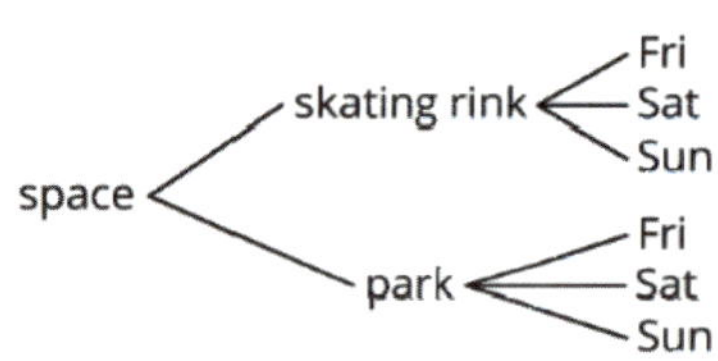

3. How many days of the week is Noah considering?

4. One possibility that Noah is considering is a party with a space theme at the skating rink on Sunday. Write two other possible parties Noah is considering.

5. How many different possible outcomes are in the sample space?

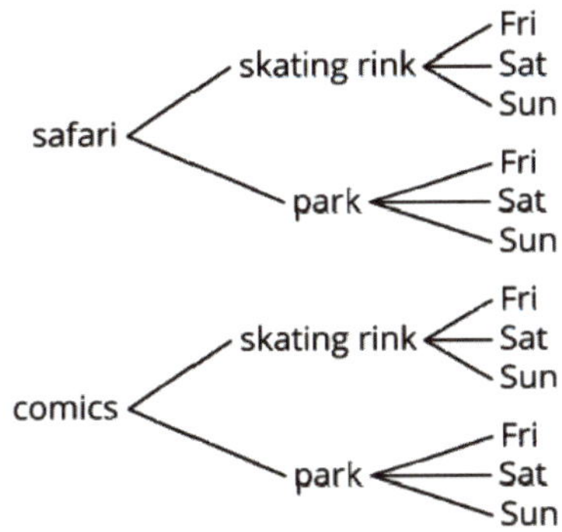

O

outlier

이상치, 이상점

뜻 자료에서 다른 값들과 멀리 떨어져있어 다른 값들과 차이가 큰 값을 말한다.

설 명 이상치가 있을 때 대푯값으로 평균을 사용하는 것에 주의해야 한다. 이상치가 평균에 미치는 영향이 크기 때문이다.

시각적 표 현 그래프에서 다른 자료들로부터 멀리 벗어난 값들은 이상치에 해당한다.

다음 상자그래프에서 이상치는 점으로 표시된다.

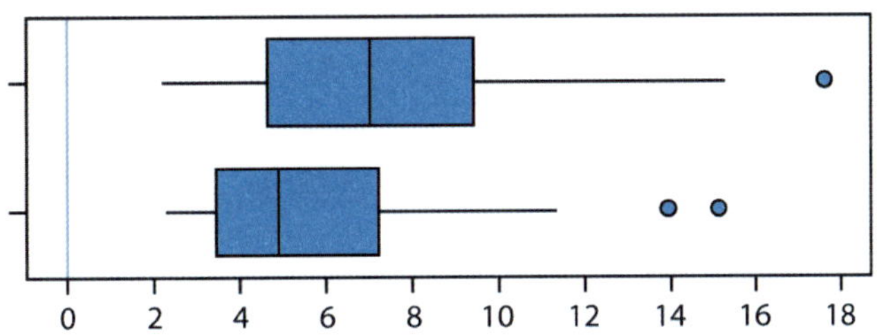

예

- 자료 2, 5, 3, 3, 8, 7, 8, 9, 35, 7, 8에서 35는 이상치에 해당한다.
- 다음 산점도에서 발 길이 24.5cm, 너비 7.8cm인 자료는 이상치에 해당한다.

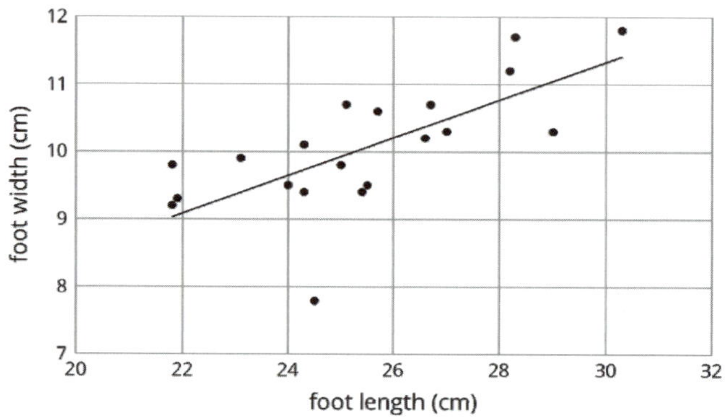

IM

Problem 2

Here is a scatter plot that compares points per game to free throw attempts per game for basketball players in a tournament. The model, represented by $y = 4.413x + 0.377$, is graphed with the scatter plot. Here, x represents free throw attempts per game, and y represents points per game.

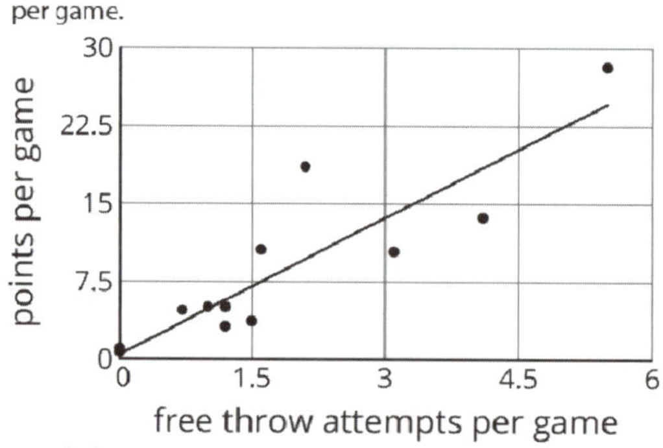

1. Circle any data points that appear to be outliers.
2. What does it mean for a point to be far above the line in this situation?
3. Based on the model, how many points per game would you expect a player who attempts 4.5 free throws per game to have? Round your answer to the nearest tenth of a point per game.
4. One of the players scored 13.7 points per game with 4.1 free throw attempts per game. How does this compare to what the model predicts for this player?

P

per

당

뜻 각각(each)에 해당하는 용어다.

기 호 m/s을 meter per sec(second)로 읽는다.

예 입장료가 학생 1명당 5달러, 성인 1명당 10달러임을 다음과 같이 말한다.

Entrance fee is $5 per student, $10 per adult.

CCSSM How many hours per week do you usually spend on homework?

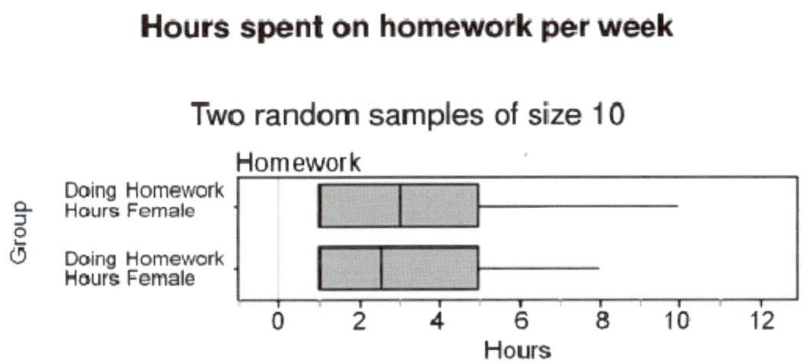

percentage

백분율

P

뜻 기준량을 100으로 하는 비율이다.

설 명 일상의 용례에서는 percent와 실질적인 차이 없이 같은 의미로 사용된다.

percentage 25%는 25percent라고 읽는다.

기 호 $a\%$

예 32리터를 담을 수 있는 수조에 24리터가 들어있다면 이 수조는 75%가 차 있다. 이중수직선을 사용해 나타내면 오른쪽과 같다.

IM

Problem 1

The student government snack shop sold 32 items this week. For each snack type, what percentage of all snacks sold were of that type?

snack type	number of items sold
fruit cup	8
veggie sticks	6
chips	14
water	4

percentage decrease/increase

증가율, 감소율

뜻 양이 증가/감소한 비율을 백분율로 나타낸 것이다.

설 명

- 이 비율은 처음 양에 대한 증가 또는 감소한 양의 비율이다.
- $\dfrac{|\text{Old Value} - \text{New Value}|}{\text{Old Value}} \times 100$
- percentage point (%p)와 혼동하지 않도록 주의할 필요가 있다. 퍼센트 포인트는 백분율의 증감을 파악할 때 두 백분율 간의 치이를 니다내는 개념으로, %p 로 나타낸나. 예를 들어, 전년도 실업률이 2.0%, 올해 실업률이 4.0%인 경우 실업률이 2%p 증가하였다고 한다. 이를 백분율로 표현하면 100% 증가한 것에 해당한다.

예

- 36달러였던 보드게임이 이번주에 27달러가 되어 값이 9달러 내렸다. 이때 감소량 9달러가 원래 가격 36달러의 25%이기 때문에 감소율은 25%이다.

- 지난 주까지 저금액이 200달러이고, 이번 주에 12달러를 더 저금하였다. 이 때, 12달러가 200달러의 6%이므로 저금액의 증가율은 6%이다.

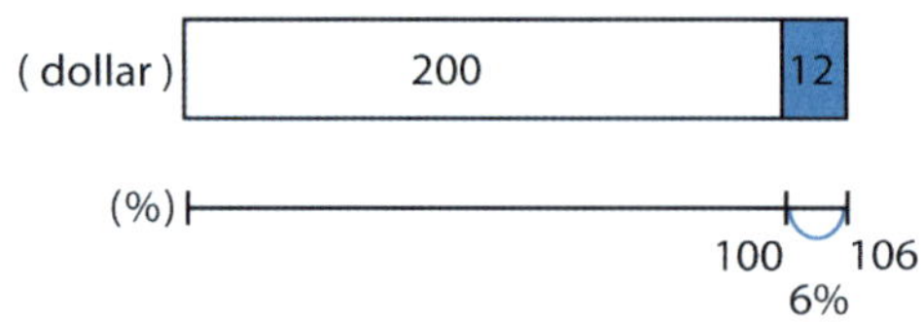

IM

1. Match each situation to a diagram. Be prepared to explain your reasoning.

   a. Compared with last year's strawberry harvest, this year's strawberry harvest is a 25% increase.
   b. This year's blueberry harvest is 75% of last year's.
   c. Compared with last year, this year's peach harvest decreased 25%.
   d. This year's plum harvest is 125% of last year's plum harvest.

A

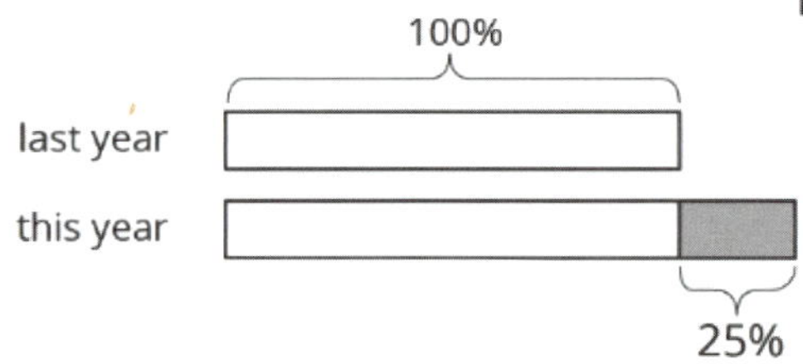

B

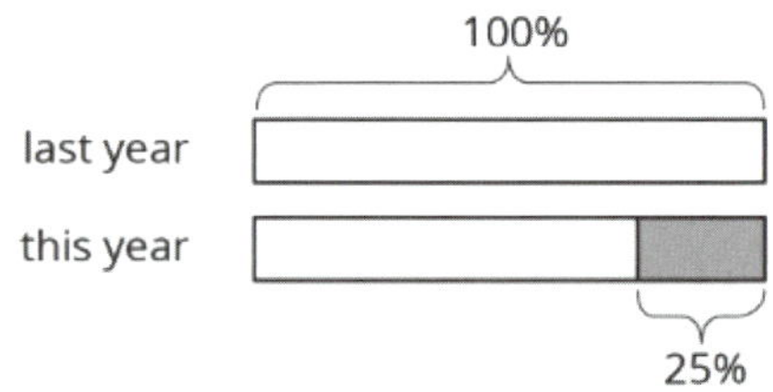

percent error

오차율

뜻 참값에 대한 오차의 비율을 백분율로 나타낸 것이다.

설 명

- 오차율은 어림이나 측정 상황에서 정확한 값과 부정확한 값 사이의 상대적 차이를 나타내기 위해 사용한다.
- $\dfrac{|\text{Measured Value} - \text{Actual Value}|}{\text{Actual Value}} \times 100$

예 클립통 1통에 몇 개가 들어있는지 세어보았다. 원래 250개가 들어있는 상품인데 세어보았더니 245개였다. 오차가 5개이므로 $\frac{5}{250}=0.02$이다. 이때 오차율은 2%이다.

IM

Problem 2

A radar gun measured the speed of a baseball at 103 miles per hour. If the baseball was actually going 102.8 miles per hour, what was the percent error in this measurement?

perfect square number

완전제곱수

뜻 어떤 수의 제곱인 수, 즉 어떤 수에 자신을 한번 더 곱해 얻은 수

설 명

- square number 또는 perfect square라고도 한다.
- $3^3=27$과 같이 어떤 수의 세제곱인 수는 perfect cube number라고 한다.

기 호 $a \times a = a^2$

예

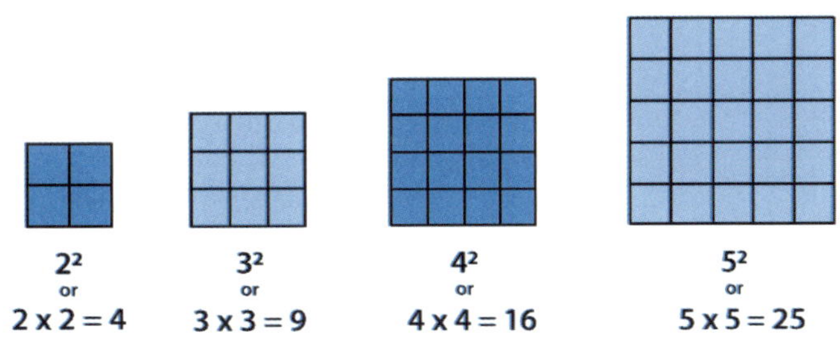

IM

Problem 2

1. Decide if each number on the list is a perfect square.

16	125
20	144
25	225
100	10,000

2. Write a sentence that explains your reasoning.

P

pi (π)

원주율

뜻 원의 지름에 대한 원주의 비율이다. 원주를 지름으로 나눈 값이다.

설 명

- 모든 원은 닮음이고, 원의 지름과 원주는 비례 관계이다. 이때의 비례상수가 바로 원주율이다.
- 원주율은 무리수이고 3.1415926⋯에 해당한다. 무한소수이므로 π의 근삿값을 어느 자리까지 구했는가 하는 것은 수학사에서 그 시대의 수학 발달 정도를 가늠하는 척도가 되기도 한다.
- 원주율의 근삿값으로 어느 것을 택하는가 하는 것은 편의성과 정확도에 따라 결정된다. 소수점 이하 자릿수를 작게 하면 계산이 편리하지만 정확하지 않고, 반대로 크게 하면 정확한 대신 계산이 복잡해진다.

• 고대에 선호된 원주율의 근삿값 3은 원을 내접하는 정육각형으로 간주하는 정도의 정확도임을 알 수 있다. 원의 반지름 r일 때 내접정육각형의 둘레가 $6r$이기 때문이다.

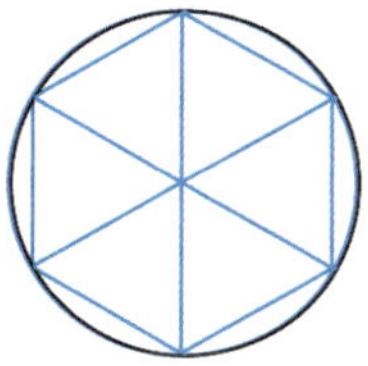

• 편의성과 정확도 양자의 타협으로 오늘날 선호되는 근삿값은 3.14이다. 다음 자리가 1이기 때문에 버림에 의한 정확도 훼손이 비교적 적고 계산도 용이하기 때문이다. 미국에서는 근삿값 3.14를 기반으로 3월 14일을 파이데이(π day)라고 부르고 수학교실에서 파이에 관한 활동을 하면서 기념하기도 한다.

기 호 π는 그리스 알파벳이다.

P

IM

Problem 2

Complete the table. Use one of the approximate values for π discussed in class (for example 3.14, $\frac{22}{7}$, 3.1416). Explain or show your reasoning.

object	diameter	circumference
hula hoop	35 in	
circular pond		556 ft
magnifying glass	5.2 cm	
car tire		71.6 in

polygon

다각형

뜻 선분으로만 둘러싸인 평면도형

설 명 다각형에는 볼록다각형과 오목다각형이 있다.

다각형 내부의 임의의 두 점을 잇는 선분이 다각형에 포함되면 볼록다각형이고 그렇지 않은 선분이 하나라도 있으면 오목다각형이다.

시각적 표 현

볼록다각형 (convex) 오목다각형 (concave)

예 다각형은 변의 개수에 따라 triangle, quadrilateral, pentagon, hexagon, $\cdots$, $n-$gon이라 칭한다.

IM **Problem 1**

Select **all** the polygons.

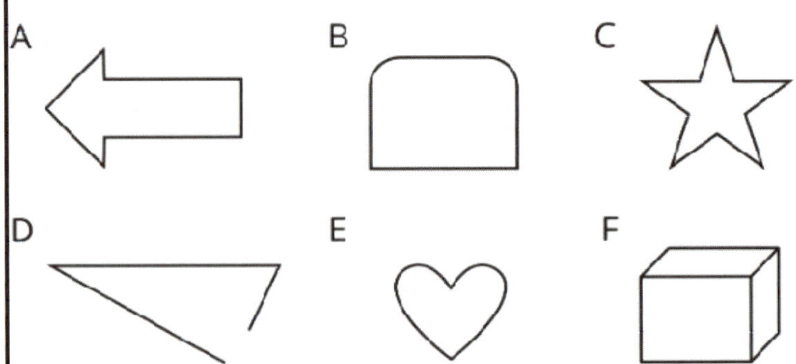

polyhedron

다면체

뜻 평면으로 둘러싸인 3차원의 입체도형으로, 복수는 polyhedra이다.

설 명 다면체를 구성하는 면을 face, 모서리를 edge, 꼭짓점을 vertex라고 한다.

시각적 표 현

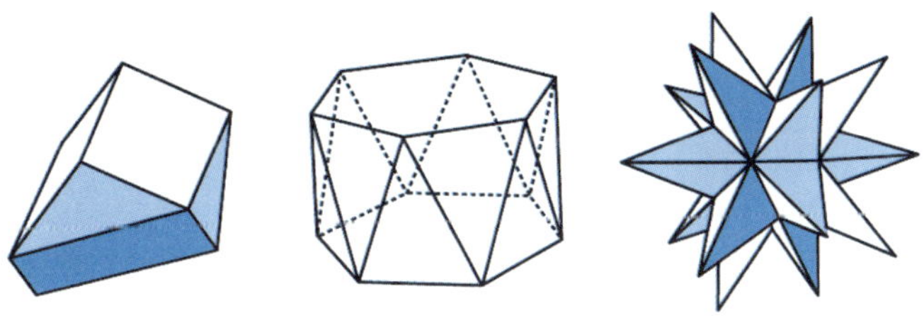

P

IM

Problem 2

1. Is this polyhedron a prism, a pyramid, or neither? Explain how you know.

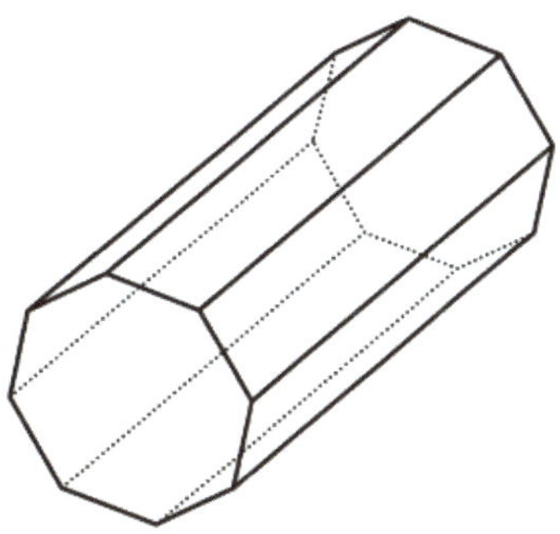

2. How many faces, edges, and vertices does it have?

population

모집단 [▶ sample 참고]

뜻 조사하고자 하는 대상의 집합

설 명 모집단이 커서 개별 자료를 모두 수집하기가 불가능하거나 비실용적일 때 모집단의 부분집합인 표본(sample)을 적절히 선택하여 자료를 수집한다.

예 우리 학교 학생들의 키와 몸무게 사이의 상관관계를 조사하고자 할 때 모집단은 우리 학교 학생 전체이다.

P

IM

Problem 2

For each sample given, list two possible populations they could belong to.

1. Sample: The prices for apples at two stores near your house.
2. Sample: The days of the week the students in your math class ordered food during the past week.
3. Sample: The daily high temperatures for the capital cities of all 50 U.S. states over the past year.

positive association

양의 상관관계 [▶ negative association 참고]

뜻 한 양이 증가할 때 다른 양도 증가하는 두 양 사이의 관계를 말한다.

설 명 자료를 산점도로 나타내면 기울기가 양인 직선으로 군집하는 경향을 나타낸다. 음의 상관관계와 반대되는 경향을 보여준다.

예

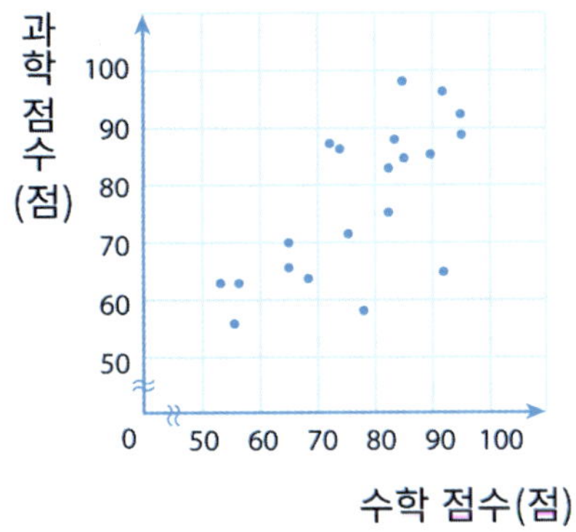

학생들의 수학점수와 과학점수를 나타낸 산점도에서 두 점수는 양의 상관관계가 있음을 알 수 있다.

P

IM

When a linear function fits data well, we say there is a *linear association* between the variables. For example, the relationship between height and weight for 25 dogs with the linear function whose graph is shown in the scatter plot.

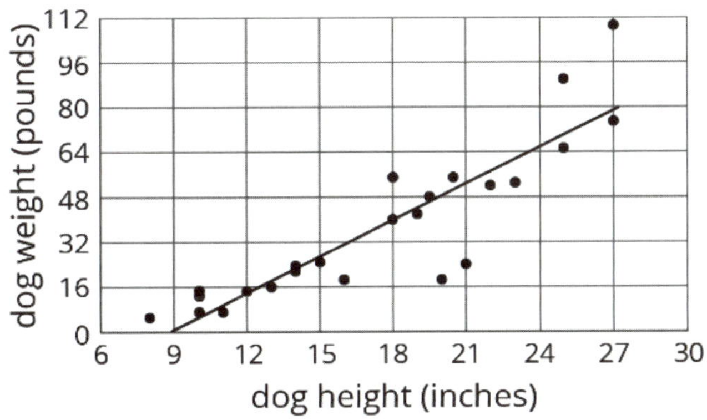

Because the model fits the data well and because the slope of the line is positive, we say that there is a **positive association** between dog height and dog weight.

positive number

양수

뜻 0보다 큰 수

설 명 가로로 된 수직선에서 0을 기준으로 오른쪽에 양수를 나타낸다. 세로로 그려진 수직선에서는 0의 윗쪽에 위치한 수가 양수이다.

예 3, 0.5, $\frac{3}{4}$은 양수이다. 양의 부호는 +로, +3에서 보통 +를 생략하고 3으로 쓴다.

IM

We can use **positive numbers** and **negative numbers** to represent temperature and elevation.

When numbers represent temperatures, positive numbers indicate temperatures that are warmer than zero and negative numbers indicate temperatures that are colder than zero. This thermometer shows a temperature of -1 degree Celsius, which we write $-1°C$.

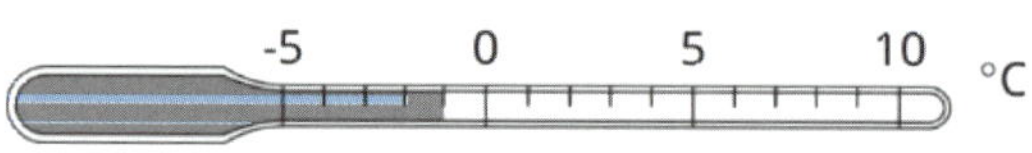

When numbers represent elevations, positive numbers indicate positions above sea level and negative numbers indicate positions below sea level.

We can see the order of signed numbers on a number line.

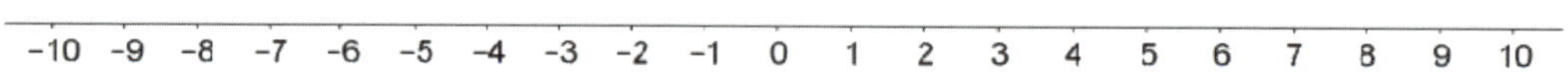

power

거듭제곱

뜻 같은 수(a)를 n개 곱한 것($a\times a\times a\times a\times\cdots\times a$)을 간단하게 a^n으로 나타내고 거듭제곱(powers of a)이라 한다. 곱하는 수 a를 밑(base)이라 한다. 곱한 개수 n을 지수(exponent)라 한다.

설 명

- a^n은 the nth power of a을 의미하며, 주로 a to the nth power라고 읽는다. 예를 들어, 5^4은 five to the fourth power, 또는 five to the power four라고 읽는다. 그런데 자주 사용되는 제곱과 세제곱에서는 squared과 cubed를 흔히 사용한다. 5^2은 five to the second power, 또는 five squared라고 읽는다. 예를 들어, 5 squared equals 25이다. 5^3은 five to the third power, 또는 five cubed라고 읽는다. 예를 들어, 5 cubed equals 125이다. squared는 정사각형을 뜻하는 square의 넓이가 한 변의 제곱이라는 것으로부터, cubed는 정육면체를 뜻하는 cube의 부피가 한 모서리의 세제곱이라는 것으로부터 유래한다.
- 흔히 사용하는 10의 거듭제곱들을 합쳐서 the powers of 10이라고 부르고 10의 n제곱은 the nth power of 10이며 수식에서 읽을 때는 주로 ten to the nth power 라고 읽는다.

〈 Powers of Ten 〉

Power	Expression	Standard Form
10^1	10	10
10^2	10×10	100
10^3	$10 \times 10 \times 10$	1,000
10^4	$10 \times 10 \times 10 \times 10$	10,000
10^5	$10 \times 10 \times 10 \times 10 \times 10$	100,000
10^6	$10 \times 10 \times 10 \times 10 \times 10 \times 10$	1,000,000
10^7	$10 \times 10 \times 10 \times 10 \times 10 \times 10 \times 10$	10,000,000
10^8	$10 \times 10 \times 10 \times 10 \times 10 \times 10 \times 10 \times 10$	100,000,000
10^9	$10 \times 10 \times 10 \times 10 \times 10 \times 10 \times 10 \times 10 \times 10$	1,000,000,000

기 호

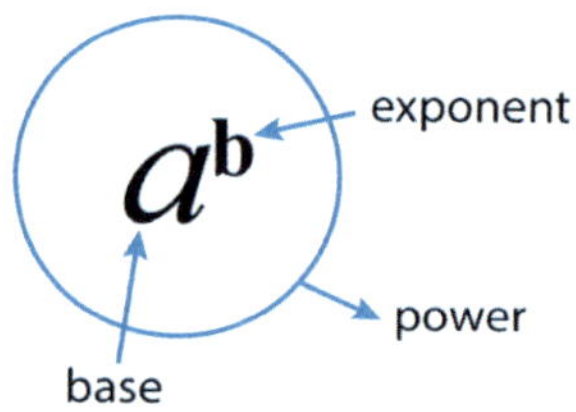

예 거듭제곱 4^2에서 밑은 4, 지수는 2

IM

So far we have looked at powers of 10 with exponents greater than 0. What would happen to our patterns if we included 0 as a possible exponent?

1. a. Write $10^{12} \cdot 10^0$ with a power of 10 with a single exponent using the appropriate exponent rule. Explain or show your reasoning.
   b. What number could you multiply 10^{12} by to get this same answer?

2. a. Write $\frac{10^8}{10^0}$ with a single power of 10 using the appropriate exponent rule. Explain or show your reasoning.
   b. What number could you divide 10^8 by to get this same answer?

3. If we want the exponent rules we found to work even when the exponent is 0, then what does the value of 10^0 have to be?
4. Noah says, "If I try to write 10^0 expanded, it should have zero factors that are 10, so it must be equal to 0." Do you agree? Discuss with your partner.

probability

확률

P

뜻 어떤 사건이 일어날 가능성을 수로 나타낸 것이다.

설 명 모든 확률은 0이상 1이하이다. 확률 0은 결코 일어나지 않는 불가능한 사건을, 확률 1은 반드시 일어나는 확실한 사건을 뜻한다.

예 오른쪽 주머니에서 보지 않고 임의로 공 하나를 꺼낼 때 흰 공을 꺼낼 확률은 $\frac{1}{4}$이다.

IM

Problem 2

A computer randomly selects a letter from the alphabet.

1. How many different outcomes are in the sample space?
2. What is the probability the computer produces the first letter of your first name?

probability experiment

확률 실험

뜻 확률 실험 또는 무작위 실험은 확률 이론에서 사용되는 용어로, 특정 결과를 정확하게 예측할 수 없는 실험 또는 과정을 말한다. 확률 실험은 여러 번 반복할 수 있으며 매번 결과를 예측할 수 없다.

P

설 명

- chance experiment라고도 한다.
- 아직 발생하지 않은 사건에 대해 발생할 정도를 가능성, 이를 수로 나타낸 것이 확률이다. 한국에서는 초등학교 수학에서 가능성, 중학교 이후 확률이라 칭한다.

예 회전판(spinner)을 돌려서 화살표가 어느 곳에 멈추는지 알아보는 확률 실험에서, 화살표는 흰색 또는 연하늘색 또는 파랑에 멈출 것이다. 각 영역에 멈출 가능성은 다르다. 이 가능성을 수로 나타내면, 각각 $\frac{3}{4}$, $\frac{1}{8}$, $\frac{1}{8}$이다.

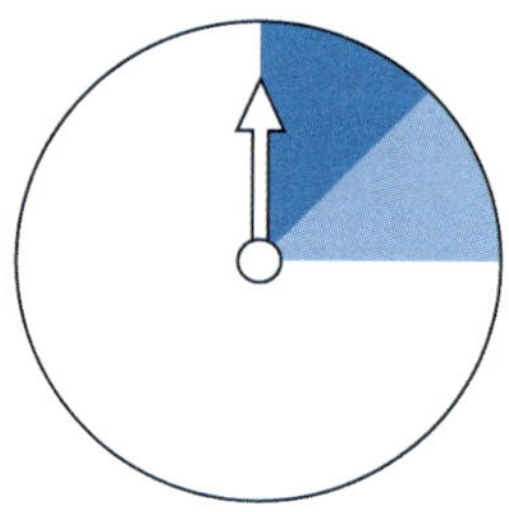

이론적으로는 확률 실험을 100번 시행할 때 75번은 흰색에 멈춘다는 것을 의미하지만, 실제로 항상 그렇지는 않다. 실험 횟수를 늘리면 흰색에 멈춘 상대도수가 이론적 확률에 점점 근접하는 것을 관찰할 수 있고, 이를 큰 수의 법칙(law of large numbers)이라 한다.

IM **Problem 1**

List the *sample space* for each chance experiment.

1. Flipping a coin
2. Selecting a random season of the year
3. Selecting a random day of the week

proportion

비례식

P

뜻 두 비가 동치임을 나타낸 등식

기 호 한국에서는 비례식을 쓸 때 $a:b=c:d$로 쓰지만 미국에서는 분수꼴을 사용하여 $\frac{a}{b}=\frac{c}{d}$로 쓴다.

예

- 우리반 학생 20명 중 10명이 안경을 쓰고 10명이 쓰지 않았다고 하자. 옆반 학생 22명 중 11명이 안경을 쓰고 11명이 안경을 쓰지 않는다. 각 반에서 안경을 쓴 학생의 비율은 각각 $\frac{10}{20}$, $\frac{11}{22}$로 서로 같으므로 비례식 $\frac{10}{20}=\frac{11}{22}$로 쓸 수 있다.
- 가로와 세로가 $1:1.5$인 포스터를 만드는 여러 가지 방법이 있다. $2:3$과 $4:6$은 모두 비율이 $1:1.5$의 비율과 같다.

따라서 비례식 $\frac{2}{3}=\frac{4}{6}$가 성립한다.

• 미국 수학에서는 비례식의 한 수를 미지수로 지정하여 비례나 등식의 성질을 사용해서 푸는 문제가 자주 등장한다. (예, $\frac{3}{4}=\frac{x}{24}$)

CCSSM

A progression of strategies for solving a proportion

If 2 pounds of beans cost $5, how much will 15 pounds of beans cost?

Method 1

pounds	2	4	6	8	10	12	14	1	15
dollars	5	10	15	20	25	30	35	2.50	37.50

"I found 14 pounds costs $35 and then 1 more pound is another $2.50, so that makes $37.50 in all."

Method 2

÷2 ·15

pounds	2	1	15
dollars	5	2.50	37.50

÷2 ·15

"I found 1 pound first because if I know how much it costs for each pound then I can find any number of pounds by multiplying."

Method 3

$\cdot\frac{15}{2}$

pounds	2	15
dollars	5	37.50

$\cdot\frac{15}{2}$

The previous method, done in one step.

With this perspective, the second column is seen as the first column times a number. To solve the proportion one first finds this number.

proportional relationship

비례관계

뜻 한 양이 다른 양의 상수배만큼일 때 두 양의 관계

예 다음 표에서 y는 x의 3배이고, 이를 식으로 나타내면 $y=3x$이다. 그 그래프는 원점을 지나는 기울기 3인 직선으로 나타난다.

x	1	2	3	4	…
y	3	6	9	12	…

IM

Problem 6

Which graphs could not represent a proportional relationship? Explain how you decided.

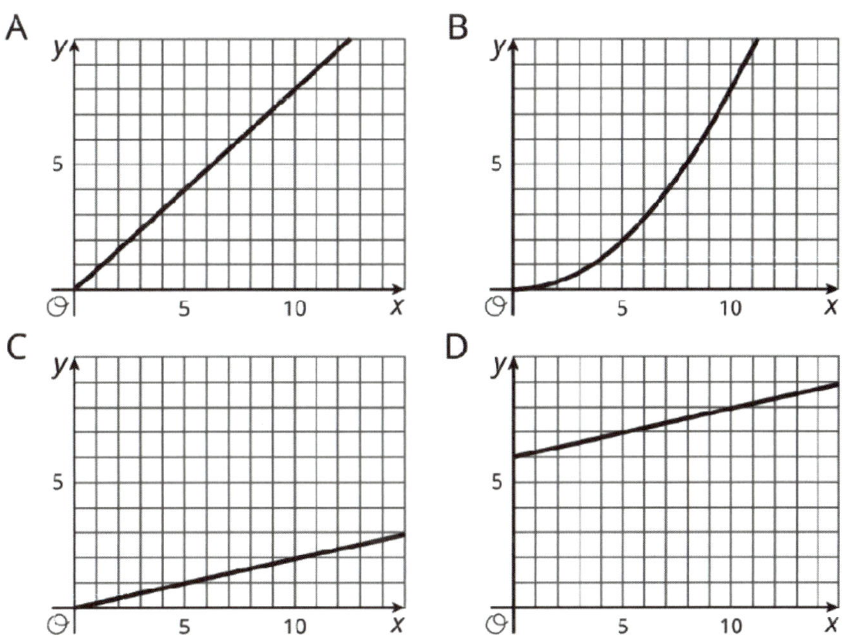

Pythagorean theorem

피타고라스 정리

P

뜻 직각삼각형에서 빗변의 제곱이 다른 두 변의 제곱의 합과 같다는 세 변 사이의 관계를 말한다.

설 명

- 제곱수가 정사각형의 넓이를 나타냄을 고려하면, 직각삼각형의 각 변을 한 변으로 하는 세 개의 정사각형 사이의 관계가 된다. 즉 빗변을 한 변으로 하는 정사각형의 넓이는 다른 두 변을 각각 한 변으로 하는 두 정사각형의 넓이의 합과 같다.
- 피타고라스 정리의 역이 성립한다. 따라서 세 변의 길이가 $(5,\ 12,\ 13)$인 삼각형은 $5^2+12^2=13^2$이므로 직각삼각형이다.
- 서양 수학에서는 그리스의 수학자 피타고라스가 발견 또는 증명했다 하여 피타고라스 정리라고 한다.
- 피타고라스 정리는 이집트, 메소포타미아, 중국 등 고대 문명권에서부터 나타나는 중요한 성질이다. 신전이나 건축물 축조시 사용되었을 것으로 추측된다. 중국 수학에서는 직각삼각형의 직각을 낀 두 변을 구, 고라 지칭하여 구고정리라고 한다.

기 호 $a^2+b^2=c^2$

시각적 표 현

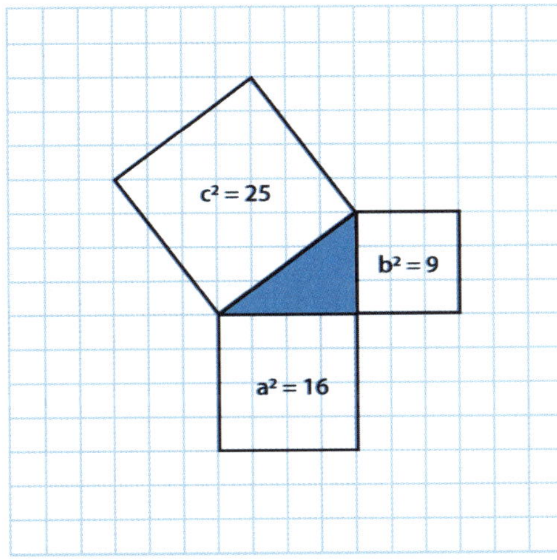

예 세 변의 길이가 (3, 4, 5)인 직각삼각형에서

$3^2 + 4^2 = 5^2$

세 변의 길이가 (5, 12, 13)인 직각삼각형에서 $5^2 + 12^2 = 13^2$

이와 같이 피타고라스 정리를 만족하는 세 개의 자연수 (3, 4, 5), (5, 12, 13) 등을 피타고라스의 수(Pythagorean number)라고 한다.

IM

Problem 3

1. Find an object that contains a right angle. This can be something in nature or something that was made by humans or machines.
2. Measure the two sides that make the right angle. Then measure the distance from the end of one side to the end of the other.
3. Draw a diagram of the object, including the measurements.
4. Use the Pythagorean Theorem to show that your object really does have a right angle.

Q

quadrant

사분면

뜻 가로축(x축)과 세로축(y축)으로 나뉜 데카르트 좌표평면의 네 부분을 말한다.

설 명

- 오른쪽 위쪽부터 시작하여 반시계방향으로 제1, 2, 3, 4사분면이라 부른다. 보통 인도-아라비아숫자로 나타내지만, 아래 그림과 같이 로마숫자로 나타내기도 한다.
- 부호 순서쌍은 각 사분면에 위치한 점의 가로 좌표와 세로 좌표의 부호를 뜻한다.

시각적 표 현

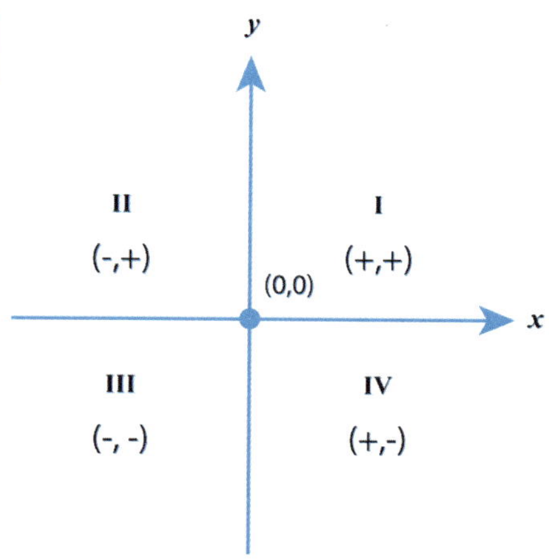

IM

Problem 3 The x-axis represents the number of hours before or after noon, and the y-axis represents the temperature in degrees Celsius.

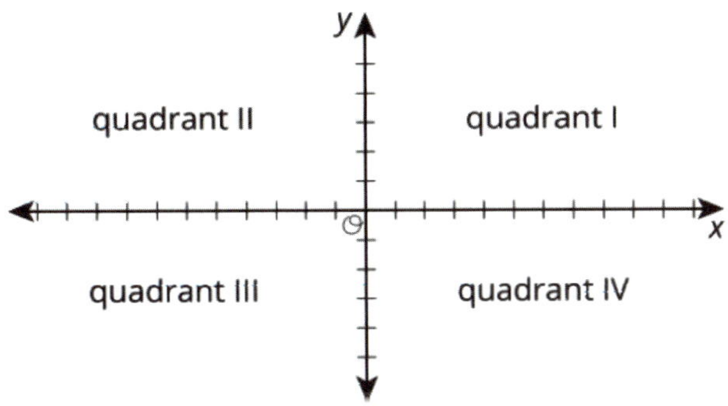

1. At 9 a.m., it was below freezing. In what quadrant would this point be plotted?
2. At 11 a.m., it was $10^\circ\mathrm{C}$. In what quadrant would this point be plotted?
3. Choose another time and temperature. Then tell the quadrant where the point should be plotted.
4. What does the point $(0, 0)$ represent in this context?

quartile

사분위수 [five–number summary 참고]

뜻 크키 순으로 배열된 자료 분포상 각 영역의 개수가 같도록 네 부분으로 나눌 때 그 경계가 되는 수를 말한다.

설 명 3개의 사분위수(Q1, Q2, Q3)가 있고 둘째 사분위수 Q2가 곧 중앙값(median)이다.

3개 사분위수와 함께 최솟값과 최댓값을 통틀어 five–number summary라고 한다.

예 다음 자료에서 제1사분위수(Q1)는 30, 제2사분위수(Q2)는 41, 제3사분위수(Q3)는 50이다.

25, 27, 30, 32, 37, 41, 46, 49, 50, 54, 59

↑ Q1 (30)　↑ Q2 (41)　↑ Q3 (50)

IM

Problem 2

In a word game, 1 letter is worth **1** point. This dot plot shows the scores for 20 common words.

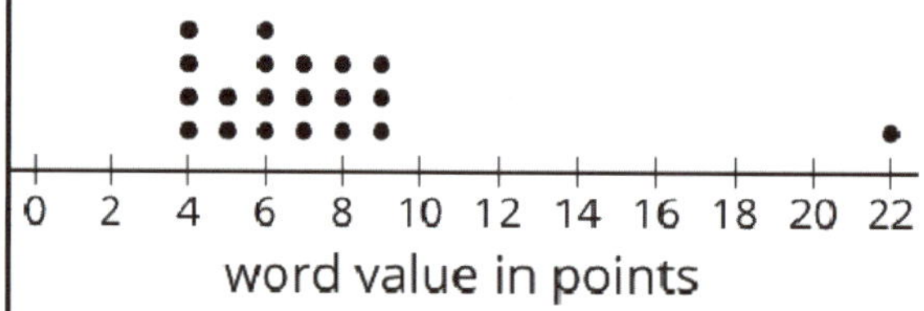

1. What is the median score?
2. What is the first quartile (Q1)?
3. What is the third quartile (Q3)?
4. What is the interquartile range (IQR)?

Q

R

radius

반지름 [▶ diameter 참고]

뜻 원의 중심에서 원주까지 이은 선분 또는 거리

설 명 원의 지름의 반이다. 한국어에서는 용어 지름과 반지름으로부터 반지름이 지름의 반이라는 것이 그대로 드러나지만, 영어는 diameter, radius라는 별개의 용어로 지칭한다.

원에는 무수히 많은 반지름이 있고, 그 길이는 일정하다.

시각적 표 현

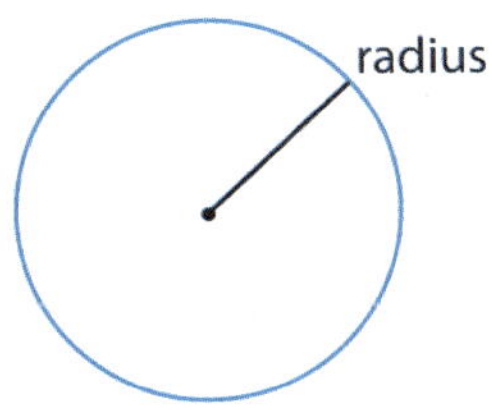

IM

Problem 1

Here are 2 circles. The smaller circle has radius r, circumference c, and diameter d. The larger circle has radius R, circumference C, and diameter D. The larger circle is a dilation of the smaller circle by a factor of k.

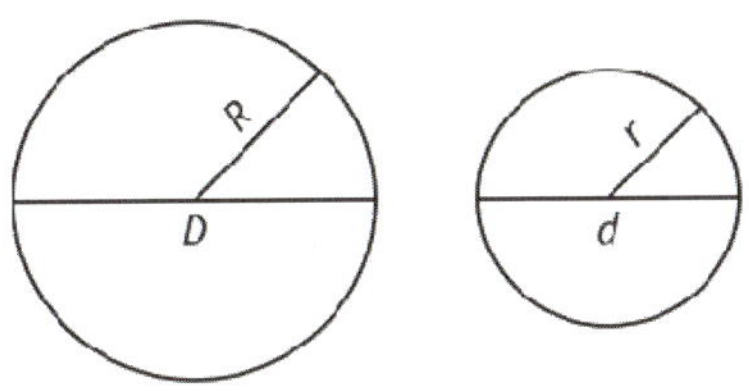

Using the circles, write 3 pairs of equivalent ratios. Find the value of each set of ratios you wrote.

random

무작위, 임의

뜻 확률 실험에서 결과들(outcomes)의 일어날 가능성이 모두 같다(등확률)면 무작위이다.

설 명 미국에서는 at random, random sampling과 같은 경우로 흔히 사용된다.

예 우리 학급에서 학교 프로젝트 참여를 위한 세 명의 대표 학생을 선발해야할 때, 학급 모든 학생의 이름을 적은 동일한 종이를 상자에 넣어 섞어서 세 장을 뽑으면 random 추출이다.

IM

Problem 3 What is the probability of selecting a random month of the year and getting a month that starts with the letter "J?" If you get stuck, consider listing the sample space.

range

자료의 범위

뜻 자료 중 최솟값과 최댓값 사이의 거리를 말한다.

설 명 Algebra 1에서 다루는 range는 함숫값의 집합인 치역을 말하기도 한다.

함수 $f(x)=2x$에서 정의역이 $X=\{2,\ 4,\ 6\}$일 때

$f(2)=4,\ f(4)=8,\ f(6)=12$이므로 치역은 $\{4,\ 8,\ 12\}$이다.

예 수집한 자료가 다음과 같다.

$$3,\ 3,\ 5,\ 6,\ 8,\ 11,\ 12,\ 13,\ 15$$

이때 자료의 최솟값이 3, 최댓값이 15이므로, 자료의 범위(range)는 12이다.

IM 4. Here are two more dot plots.

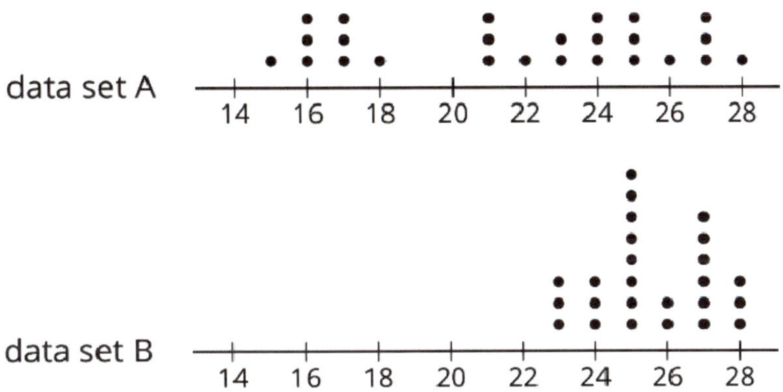

Without doing any calculations, predict:

a. Which data set has the smaller range?

rate

[▶ unit rate 참고]

뜻 기준량을 1로 하는 비이다.

설 명

• ratio $a:b$를 $\frac{a}{b}:1$로 나타낸 것이다. 따라서 모든 비(ratio)에는 동치인 rate이 존재한다.

• 미국에서는 비를 비교하는 양과 기준량의 단위가 같을 때 ratio, 단위가 다를 때 rate으로 사용하는 등 여러 가지 정의를 사용하였으나, 현재 미국 수학교육과정에서는 단위에 상관없이 기준량을 1로 하는 비라는 정의를 채택하고 있다.

예 실제로는 rate $\frac{a}{b}$: 1에서 전항 $\frac{a}{b}$만 쓰는 unit rate(비율)이 주로 사용된다. 예를 들어, 일차함수의 기울기도 unit rate이다.

IM

Problem 4

A large art project requires enough paint to cover 1,750 square feet. Each gallon of paint can cover 350 square feet. Each square foot requires $\frac{1}{350}$ of a gallon of paint. Andre thinks he should use the rate $\frac{1}{350}$ gallons of paint per square foot to find how much paint they need. Do you agree with Andre? Explain or show your reasoning.

R

rate of change

변화율

뜻 두 양의 관계에서 변화율은 한 양이 1만큼 증가할 때 다른 양의 변화량을 말한다. 보통 x가 1만큼 증가할 때 y값의 변화량을 말한다.

기 호 $\frac{(y\text{값의 증가량})}{(x\text{값의 증가량})}$

설 명 비례관계에서 비례상수(constant of proportionality), 일차함수에서 독립변수의 계수가 변화율에 해당한다. 그 그래프에서는 직선의 기울기가 된다.

IM

In this graph, y increases by 15 dollars when x increases by 1 hour. The rate of change is 15 dollars per hour.

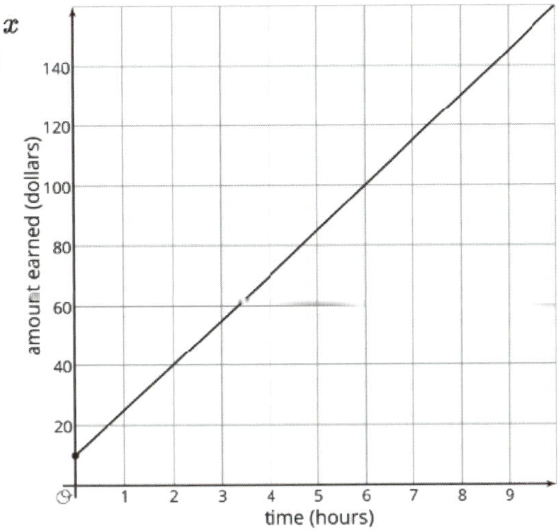

ratio

비 [rate, unit rate 참고]

뜻 한 양이 다른 양의 몇 배가 되는지 비교하기 위해 기호 :를 써서 나타낸 두 양의 관계를 말한다.

설 명

- 비를 표현할 때는 두 양의 순서가 중요하다. $a : b$로 나타낼 때 b가 기준량, a가 비교하는 양으로, b에 대한 a의 비라고 읽는다. 따라서 영어에서는 전치사 'to'를 이용하여 기준량을 to 다음에 써서 나타낸다. b에 대한 a의 비라면 'ratio of a to b'이다. 예를 들어, $3 : 2$는 3 to 2, 3 for every 2, 3 out of every 5 (part-whole 관계에서), 3 parts to 2 parts에 해당한다.

R

- ratio는 같은 단위의 두 양 또는 다른 단위의 두 양을 비교할 수 있다. 3 : 2에 대해, 물 3컵:우유 2컵은 같은 단위의 두 양, 3미터와 2초는 다른 단위의 두 양인 경우다.
- 비의 성질에 의해 비의 전항과 후항에 같은 양수를 곱하면 동일한 비율(unit rate)을 갖는 비가 된다. 이들을 동치비(equivalent ratio)라 한다. 예를 들어, 3 : 2, 6 : 4, 9 : 6, …은 동치비이다.

기 호 $a : b$

이때 b는 기준량, a는 비교하는 양이다.

시각적 표 현 비 2 : 3을 그림으로 나타내어 보면 원과 네모의 비로 다음과 같이 나타낼 수 있다.

예 일상에서 비에 해당하는 다양한 상황이 있다. 라면을 끓이는 요리법에서 라면 1개당 물 2컵을 붓는다면 라면에 대한 필요한 물의 양의 비는 2 : 1이다.

IM

Problem 2

Complete the sentences to describe this picture.

1. The ratio of dogs to cats is ________.
2. For every ________ dogs, there are ________ cats.

rational number

유리수

뜻 분자, 분모가 정수인 분수꼴로 나타낼 수 있는 수

기 호 $\frac{b}{a}$ $(a,\ b \in Z,\ a \neq 0)$

설 명

- 모든 유리수는 수직선 상의 한 점에 대응한다. 하지만 유리수만으로 수직선을 다 채울 수는 없다.
- 유리수를 소수로 나타내면 유한소수 또는 순환하는 무한소수(순환소수)로 나타내어진다.

예 $\frac{2}{3}$, -8, 1.5, 0.3 등

R

IM

To order rational numbers from least to greatest, we list them in the order they appear on the number line from left to right. For example, we can see that the numbers

-2.7, -1.3, 0.8

are listed from least to greatest because of the order they appear on the number line.

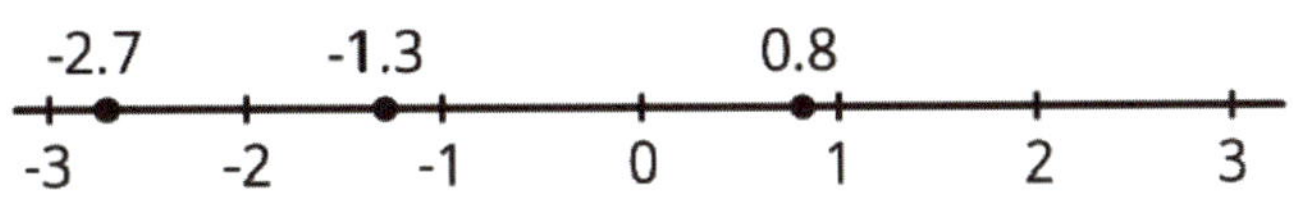

reciprocal

역수

뜻 어떤 수의 역수는 그 수와 곱해서 1이 되는 수이다.

설 명 분수꼴의 수에서 분자와 분모의 위치를 바꾸면 역수가 된다.

예 $\frac{1}{3}\times3=1$이므로 $\frac{1}{3}$의 역수는 3

$12\times\frac{1}{12}=1$이므로 12의 역수는 $\frac{1}{12}$

IM

The division $a \div \frac{3}{4} = ?$ is equivalent to $\frac{3}{4} \cdot ? = a$, so we can think of it as meaning "$\frac{3}{4}$ of what number is a?" and represent it with a diagram as shown. The length of the entire diagram represents the unknown number.

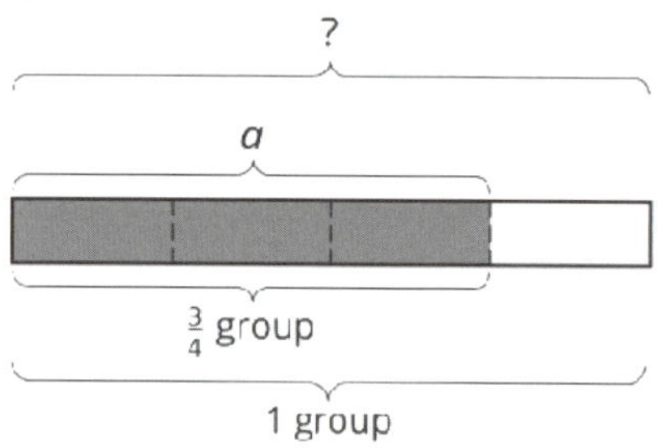

If $\frac{3}{4}$ of a number is a, then to find the number, we can first divide a by 3 to find $\frac{1}{4}$ of the number. Then we multiply the result by 4 to find the number.

The steps above can be written as: $a \div 3 \cdot 4$. Dividing by 3 is the same as multiplying by $\frac{1}{3}$, so we can also write the steps as: $a \cdot \frac{1}{3} \cdot 4$.

In other words: $a \div 3 \cdot 4 = a \cdot \frac{1}{3} \cdot 4$. And $a \cdot \frac{1}{3} \cdot 4 = a \cdot \frac{4}{3}$, so we can say that:

$$a \div \frac{3}{4} = a \cdot \frac{4}{3}$$

In general, dividing a number by a fraction $\frac{c}{d}$ is the same as multiplying the number by $\frac{d}{c}$, which is the reciprocal of the fraction.

reflection

대칭이동, 뒤집기, 반사 [▶ rotation, translation 참고]

뜻 도형의 한 직선에 대한 대칭이동은 도형의 모든 점을 직선 반대편으로 같은 거리만큼 이동시켜 얻는 도형이다.

시각적 표현 삼각형 A를 직선 l에 대해 대칭이동한 상(image)이 삼각형 B이다.

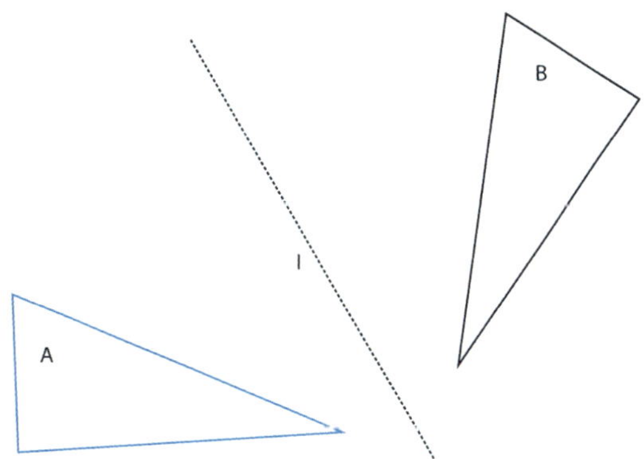

R

IM

Problem 2

Here is triangle ABC drawn on a grid.

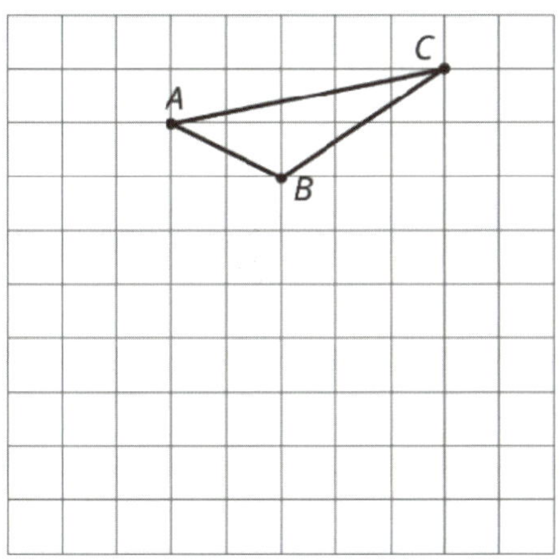

On the grid, draw a rotation of triangle ABC, a translation of triangle ABC, and a reflection of triangle ABC. Describe clearly how each was done.

region

도형의 영역

뜻 도형의 내부 공간을 말한다.

도형의 넓이나 부피는 각각 평면도형과 입체도형의 영역(region)을 측정한 값이다.

IM

Problem 1 Find the area of each shaded region. Show your reasoning.

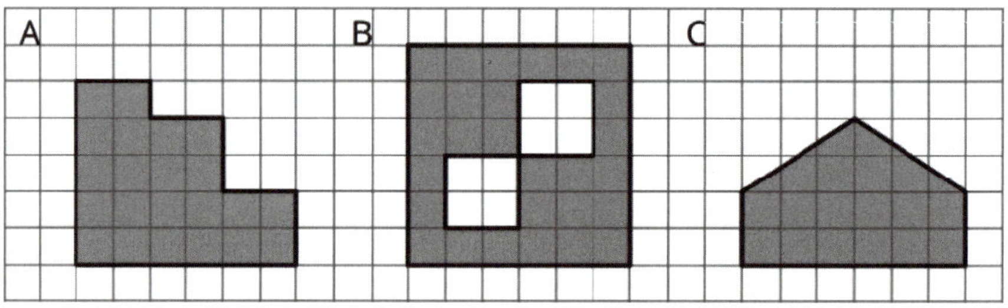

R

relative frequency

상대도수

뜻 자료 집합에서 전체 도수에 대한 그 범주의 도수의 비율

예 다음 표는 고양이 20마리의 색깔별 도수를 토대로 상대도수를 정리한 것이다.

color	frequency	relative frequency
white	4	$\frac{4}{20}$
brown	7	$\frac{7}{20}$
black	3	$\frac{3}{20}$
multi–color	6	$\frac{6}{20}$

설 명 편의에 따라 분수, 소수, 백분율로 나타낼 수 있다. 또한 IM 예에서 보듯이 행에 따른 상대도수와 열에 따른 상대도수가 구별된다.

IM

1. Complete this table to make a two-way table for the data from earlier. The table will show relative frequencies *by row*.

	plays instrument	does not play instrument	row total
plays sport			100%
does not play sport			100%

3. Complete the table to make a two-way table for the data from earlier. The table will show relative frequencies *by column*.

	plays instrument	does not play instrument
plays sport		
does not play sport		
column total	100%	100%

R

repeating decimal

순환소수

뜻 소수점 이하의 수 배열이 일정 패턴으로 끝없이 반복되는 소수이다.

반복되는 부분을 순환마디(repeating digits)라 하고, 순환마디 위에 선을 그어 나타낸다. 한국에서 점을 찍어 나타내는 것과 차이가 있다.

기 호 $0.\overline{3}$, $1.1\overline{23}$

예 $0.\overline{3}=0.33333333\cdots$

$1.1\overline{23}=1.1232323\cdots$

R

IM

Problem 1

Elena and Han are discussing how to write the repeating decimal $x = 0.13\overline{7}$ as a fraction. Han says that $0.13\overline{7}$ equals $\frac{13764}{99900}$. "I calculated $1000x = 137.77\overline{7}$ because the decimal begins repeating after 3 digits. Then I subtracted to get $999x = 137.64$. Then I multiplied by 100 to get rid of the decimal: $99900x = 13764$. And finally I divided to get $x = \frac{13764}{99900}$." Elena says that $0.13\overline{7}$ equals $\frac{124}{900}$. "I calculated $10x = 1.37\overline{7}$ because one digit repeats. Then I subtracted to get $9x = 1.24$. Then I did what Han did to get $900x = 124$ and $x = \frac{124}{900}$."

Do you agree with either of them? Explain your reasoning.

representative sample

대표 표본

뜻 어떤 표본의 분포가 모집단의 분포와 중심, 모양, 분산에서 유사하다면 그 표본은 모집단을 대표하는 표본이다.

예

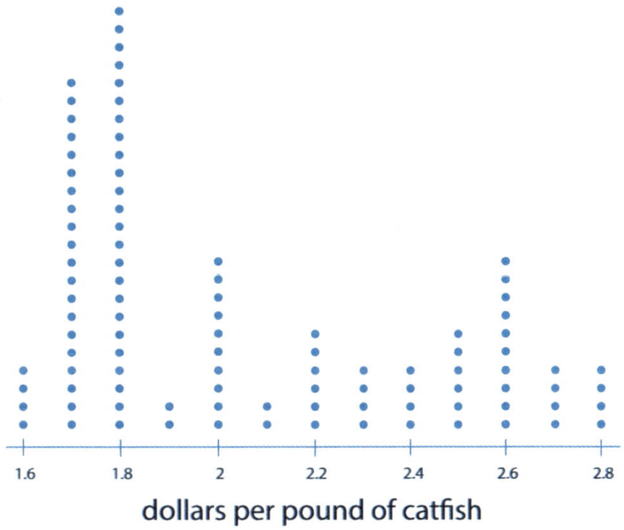

위의 점그래프가 모집단의 분포를 나타낼 때, 다음 점그래프는 이 표본이 모집단을 대표한다는 것을 보여준다.

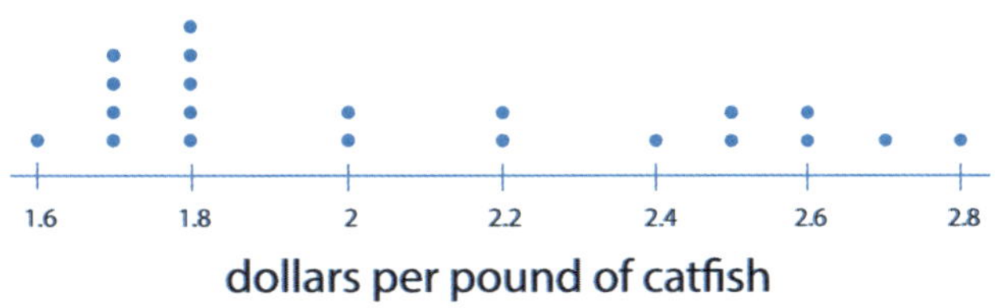

IM

Problem 3

This is a dot plot of the number of text messages sent one day for a sample of the students at a local high school. The sample consisted of 30 students and was selected to be representative of the population.

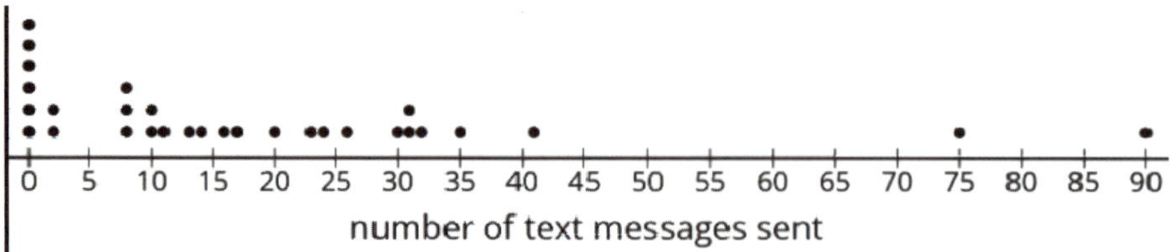

1. What do the six values of 0 in the dot plot represent?

2. Since this sample is representative of the population, describe what you think a dot plot for the entire population might look like.

right angle

직각 [straight angle 참고]

뜻 두 직선이 만날 때 이웃각(adjacent angles)이 서로 합동인 각이다.

또는 두 직선이 만날 때 생기는 네 각이 모두 같을 때 각각의 각이 직각이다.

설 명

- 이 정의는 고대 그리스의 수학자 유클리드가 쓴 <원론>에 나오는 직각의 정의이다. '한 직선에 다른 직선을 세웠을 때 이웃한 각이 서로 같으면 그 각을 직각이라 한다. 이때 두 직선은 수직이다.'
- 두 직선이 만날 때 맞꼭지각의 크기는 항상 같고, 이웃각까지 같으면 만나서 생기는 네 개의 각은 그 크기가 모두 같다. 그런데 한 바퀴가 360도이므로 이때 네 각은 360도의 $\frac{1}{4}$인 90도가 된다. 따라서 직각은 90도가 된다.

시각적 표 현

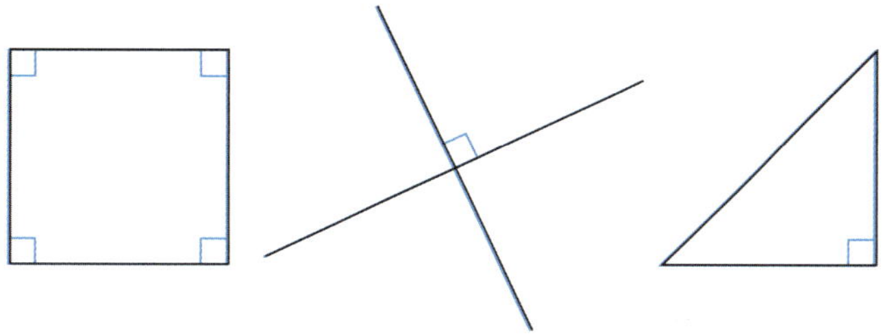

직각은 그림에서처럼 ∟ 로 표시하여 나타낸다.

예 직각은 직선각의 반이다.

IM

Problem 1

Here are questions about two types of angles.

1. Draw a right angle. How do you know it's a right angle? What is its measure in degrees?
2. Draw a straight angle. How do you know it's a straight angle? What is its measure in degrees?

R

rigid transformation

합동변환, 유클리드 변환

뜻 유클리드 공간에서의 변환으로, 도형의 어떠한 측도도 변하지 않는 변환을 말한다.

설 명 변의 길이와 각의 크기가 불변이라는 의미에서 rigid motions(강체이동)이라고도 한다.

예 합동변환에는 평행이동(translations), 회전이동(rotations), 대칭이동(reflections)이 있다. 합동변환에 의해 위치와 방향이 변하지만, 길이와 각의 크기에는 변함이 없으므로 그 모양과 크기에는 변화가 없다.

설 명 한국 초등학교에서는 각각을 밀기, 돌리기, 뒤집기라고 한다.

IM

Problem 3 | Describe a rigid transformation that you could use to show the polygons are congruent.

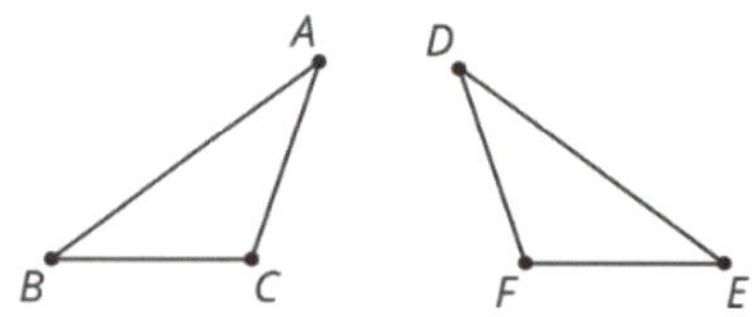

rotation

회전이동, 돌리기 [reflection, translation 참고]

뜻 회전이동은 도형의 모든 점을 한 점을 중심으로 하여 주어진 각만큼 특정 방향으로 회전하는 것을 말한다.

설 명 회전이동을 하는 중심점이 도형의 외부에 위치할 수도 있고 내부에 위치할 수도 있다.

예 다음 그림은 삼각형 ABC를 점 O를 중심으로 시계방향으로 120도만큼 회전 이동한 상(image)이 삼각형 A′B′C′임을 보여준다. 대응변 AB가 시계방향으로 120도만큼 회전하여 A′B′로 이동한 것이다.

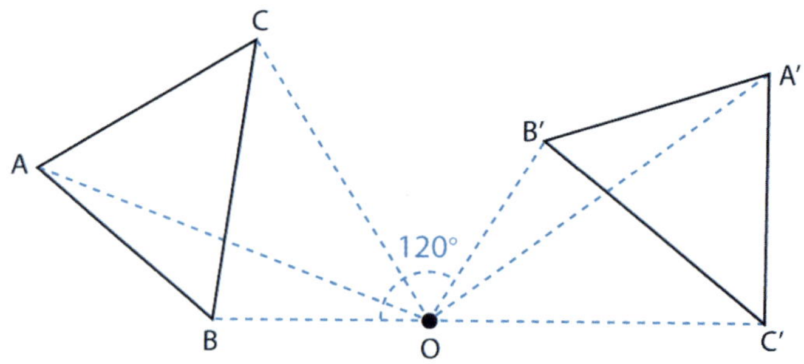

IM

Problem 3

Here is quadrilateral $ABCD$.

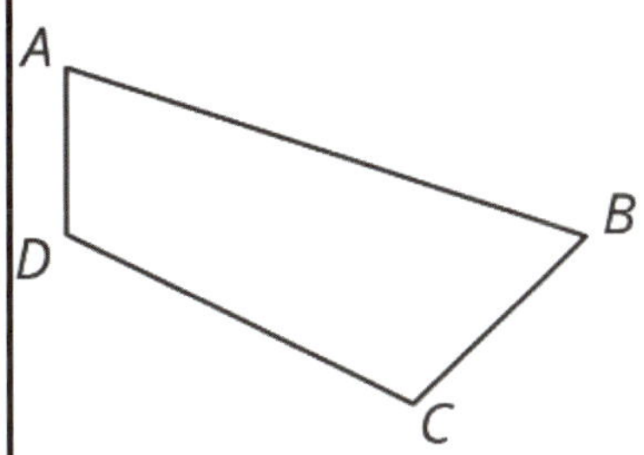

Draw the image of quadrilateral $ABCD$ after each rotation using B as center.

1. 90 degrees clockwise
2. 120 degrees clockwise
3. 30 degrees counterclockwise

R

S

sample

표본 [▶ population 참고]

뜻 모집단의 부분

예 우리 학교 학생들의 일일 스마트폰 사용 시간을 조사하고자 할 때 모집단인 우리 학교 학생들에게 모두 조사하는 것이 번거로우므로 임의로 그중 일부를 선정하여 설문조사를 실시할 수 있다. 예컨대 각 학년의 가장 끝반 학생들을 대상으로 할 경우 이들이 표본이다.

IM

Problem 1

Suppose you are interested in learning about how much time seventh grade students at your school spend outdoors on a typical school day.

Select **all** the samples that are a part of the population you are interested in.

A:

The 20 students in a seventh grade math class.

B:

The first 20 students to arrive at school on a particular day.

C:

The seventh grade students participating in a science fair put on by the four middle schools in a school district.

D:

The 10 seventh graders on the school soccer team.

E:

The students on the school debate team.

sample space

표본공간

뜻 확률 실험에서 가능한 모든 결과의 목록을 의미한다. outcomes(시행 결과)의 전체 집합이다.

예 동전 2개를 던질 때 표본공간은 HH, HT, TH, TT의 네 가지로 구성된다. 여기서 H는 head(앞면), T는 tail(뒷면)을 말한다.

설 명 표본공간은 목록, 표 등 다양한 방법으로 표현될 수 있다.

IM

Problem 1 List the *sample space* for each chance experiment.

1. Flipping a coin
2. Selecting a random season of the year
3. Selecting a random day of the week

S

scale

축척 [scale factor 참고]

뜻 축척은 확대 또는 축소 그림에서의 길이가 실제 길이를 나타내는 방법을 알려준다.

설 명 축척에 따라 그린 그림을 scale drawing이라 한다.

즉 실제 장소나 대상을 일정 비율로 확대 또는 축소한 그림이다. 축척의 비율을 나타낸 것을 scale factor라고 한다.

예 오른쪽 scale drawing은 실제 길이 8feet를 1inch로 그려 나타낸 것이다.

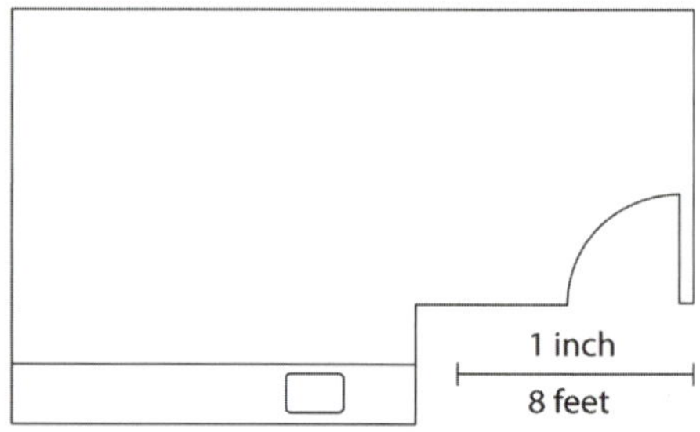

(IM)

IM

Problem 3

Here is a scale map of Lafayette Square, a rectangular garden north of the White House.

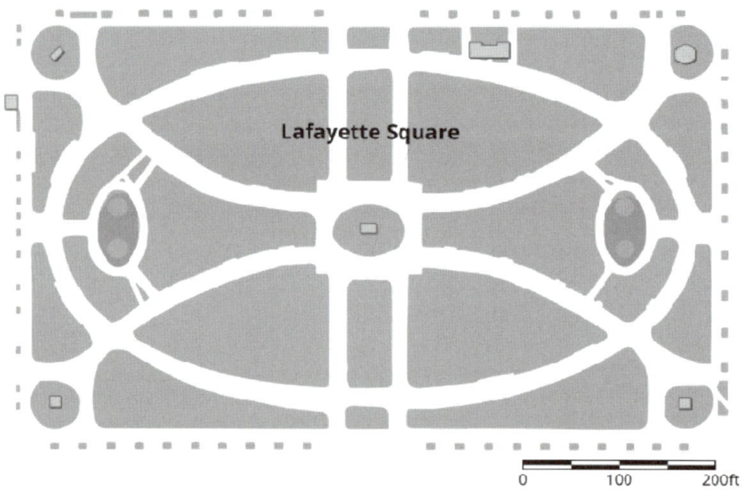

1. The scale is shown in the lower right corner. Find the actual side lengths of Lafayette Square in feet.
2. Use an inch ruler to measure the line segment of the graphic scale. About how many feet does one inch represent on this map?

scaled copy

확대 또는 축소한 도형 [▶ scale factor 참고]

뜻 원래 도형의 모든 변의 길이를 같은 배만큼 확대하거나 축소시킨 도형을 말한다.

설 명 이 때 사용된 같은 배를 scale factor라한다.

예 다음 삼각형 DEF는 삼각형 ABC의 scaled copy이다. $\frac{\text{변 DE}}{\text{변 AB}}=\frac{\text{변 EF}}{\text{변 BC}}=\frac{\text{변 FD}}{\text{변 CA}}=\frac{6}{4}=\frac{7.5}{5}=\frac{9}{6}$으로, 삼각형 DEF의 각 변은 삼각형 ABC의 대응변을 각각 1.5배한 것이다.

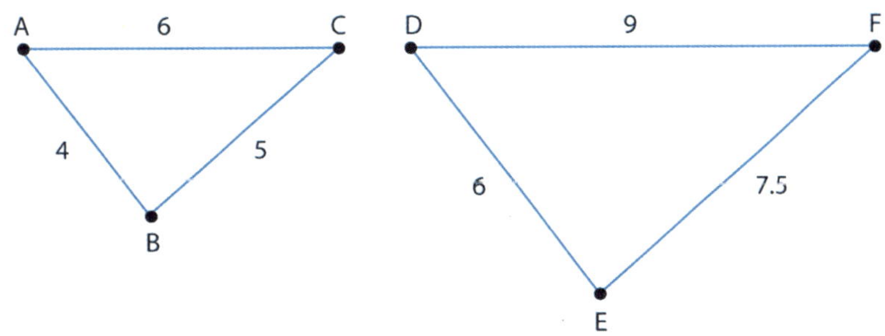

IM

Problem 2

Here is Quadrilateral $ABCD$.

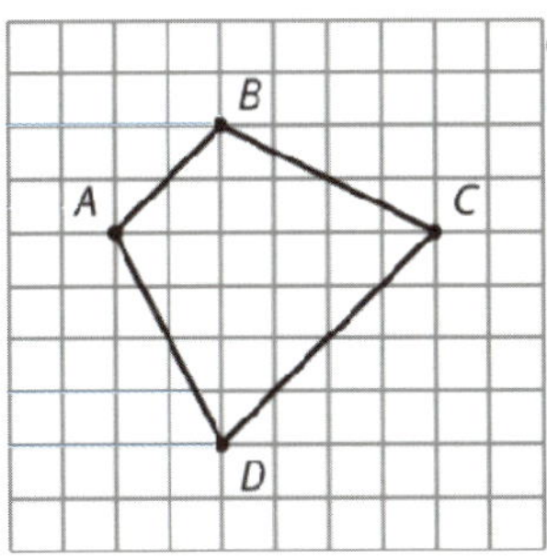

Quadrilateral $PQRS$ is a scaled copy of Quadrilateral $ABCD$. Point P corresponds to A, Q to B, R to C, and S to D.

If the distance from P to R is 3 units, what is the distance from Q to S? Explain your reasoning.

S

scale factor

확대/축소 비율 [▶ scaled copy 참고]

뜻 주어진 도형의 scaled copy를 만들기 위해 그 도형의 각 변에 같은 수를 곱해야 하는데, 이 수를 scale factor라 한다.

예 삼각형 ABC의 각 변을 1.5배하여 scaled copy인 삼각형 DEF를 얻는다. 이때 scale factor는 1.5이다.

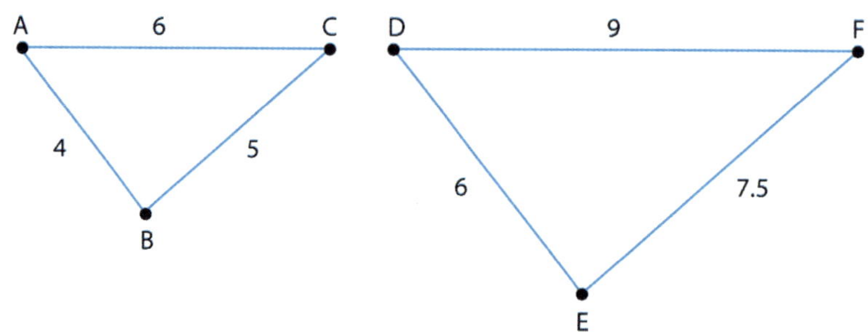

IM

Problem 3

Polygon B is a scaled copy of Polygon A.

1. What is the scale factor from Polygon A to Polygon B? Explain your reasoning.
2. Find the missing length of each side marked with ? in Polygon B.
3. Determine the measure of each angle marked with ? in Polygon A.

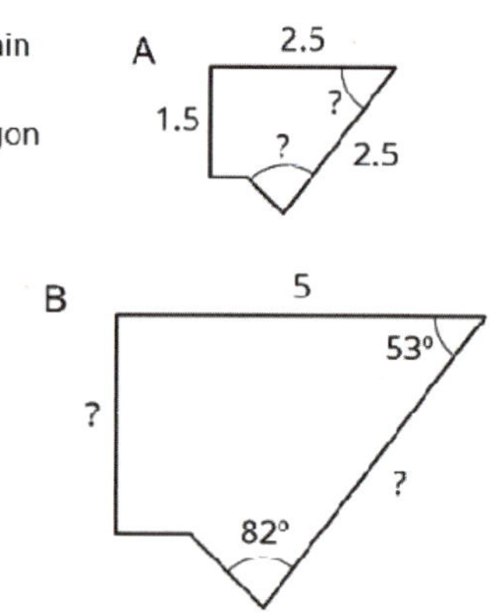

S

scatter plot

산점도 [▶ positive association, negative association 참고]

뜻 자료의 두 변량을 순서쌍으로 하여 좌표평면에 점으로 나타낸 그래프

설 명 산점도는 자료의 경향을 파악하는 것을 돕는다.

예 오른쪽 산점도에서 각 점은 개 한 마리를 나타내고, 각 점의 좌표는 개의 키와 몸무게를 알려준다. 이 자료는 양의 상관관계, 즉 개의 키가 클수록 몸무게가 큰 경향을 보여준다.

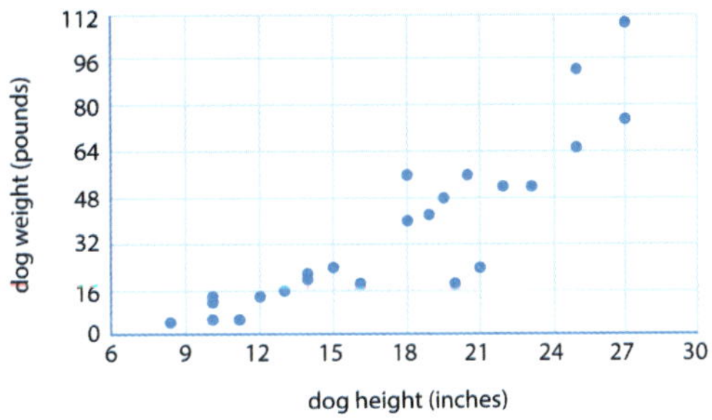

IM

Here is a scatter plot that shows weights and fuel efficiencies of 20 different types of cars.

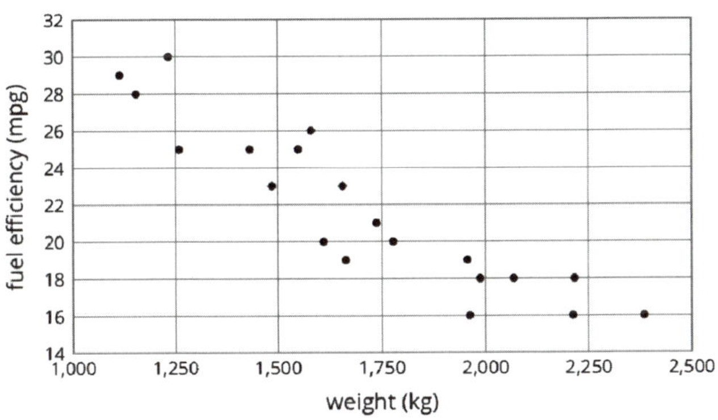

If a car weighs 1,750 kg, would you expect its fuel efficiency to be closer to 22 mpg or to 28 mpg? Explain your reasoning.

S

scientific notation

과학적 표기

뜻 10의 거듭제곱을 이용한 수 표기법으로, 큰 수나 작은 수를 나타내는 데 편리하다. 1에서 10 사이의 수와 10의 거듭제곱의 곱으로 나타낸다.

기 호 $c \times 10^n$ (n은 정수, $1 \leq c \leq 10$)

예 $234500000000 = 2.345 \times 10^{11}$

$0.00000006789 = 6.789 \times 10^{-8}$

IM

Problem 2

Perform the following calculations. Express your answers in scientific notation.

1. $(2 \times 10^5) + (6 \times 10^5)$
2. $(4.1 \times 10^7) \cdot 2$
3. $(1.5 \times 10^{11}) \cdot 3$
4. $(3 \times 10^3)^2$
5. $(9 \times 10^6) \cdot (3 \times 10^6)$

S

sequence of transformations

일련의 변환 [▶ transformations 참고]

뜻 평행이동, 회전이동, 대칭이동, 확대를 포함하는 둘 이상의 변환을 말한다.

설 명 평행, 회전, 대칭이동은 도형의 변의 길이와 각의 크기가 변하지 않는 합동변환(rigid transformation)이고, 확대는 각의 크기는 변하지 않지만 변의 길이가 변하는 닮음변환(similarity transformation)이다.

예 주어지는 순서에 따라 변환이 이루어진다. 다음 그림은 도형 A를 평행이동하여 도형 B, 다시 직선 l을 축으로 대칭이동한 도형 C를 보여준다.

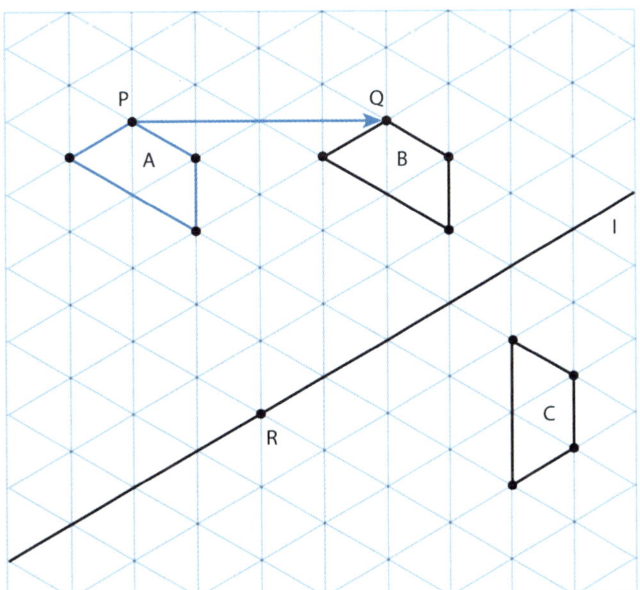

IM

Problem 1

For each pair of polygons, describe a sequence of translations, rotations, and reflections that takes Polygon P to Polygon Q.

1.

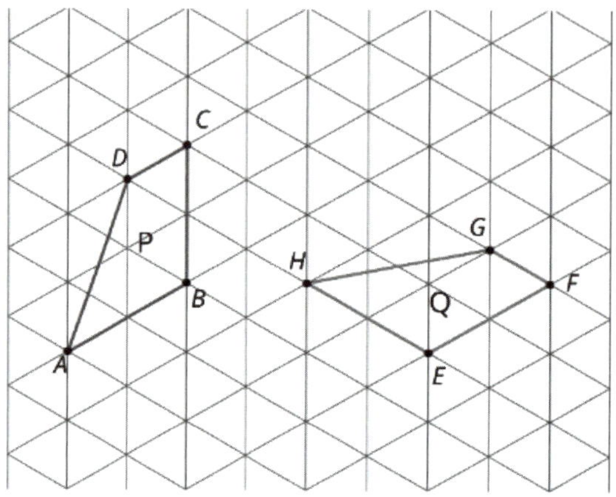

sign

(양, 음의) 부호

S

뜻 0 아닌 모든 실수는 양수 또는 음수이며, 이를 나타내기 위한 +, −를 부호라 한다.

기 호 양의 부호는 +, 음의 부호는 −로 나타낸다.

설 명 + sign을 붙인 positive number(양수)와 − sign을 붙인 negative number(음수)를 signed number라 한다.

예 보통 양수는 부호없이 쓴다. 5의 부호는 양, −5의 부호는 음이다. 0은 양도 음도 아니므로 부호를 붙이지 않는다. 다항식의 첫째 항의 부호가 양일 경우 생략하지만, 음일 경우에는 생략할 수 없다. $5x+3$, $-5x+3$

IM To find the sum, we add the magnitudes and give it the correct sign. For example, $(-5) + (-4) = -(5 + 4)$.

On the other hand, when we add two numbers with different signs, we subtract their magnitudes (because the arrows point in the opposite direction) and give it the sign of the number with the larger magnitude. For example, $(-5) + 12 = +(12 - 5)$.

similar, similarity

닮음

뜻 모양이 같고 크기가 다른 두 도형은 닮음이다.

설 명

- 닮은 도형들은 대응각의 크기가 같고 대응변의 길이의 비가 일정하다.
- 한 도형을 합동변환과 확대 또는 축소에 의해 완전히 포갤 수 있으면 닮음이다.

예 삼각형 ABC와 삼각형 DEF는 닮음이다. 삼각형 ABC를 점 B를 중심으로 회전한 다음, 점 O를 중심으로 하여 확대하면 삼각형 DEF이기 때문이다.

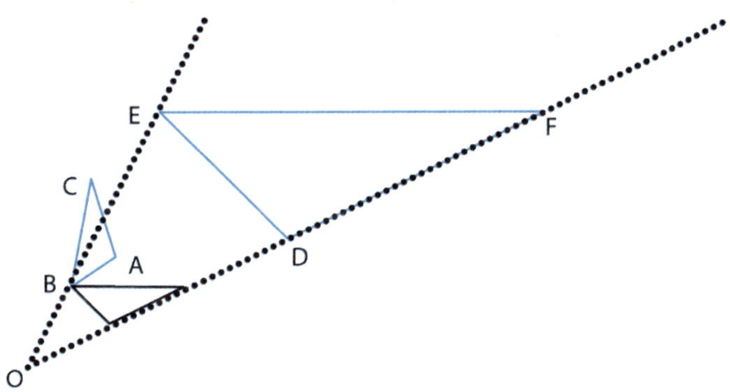

S

IM

Problem 3

In the figure, line BC is parallel to line DE.

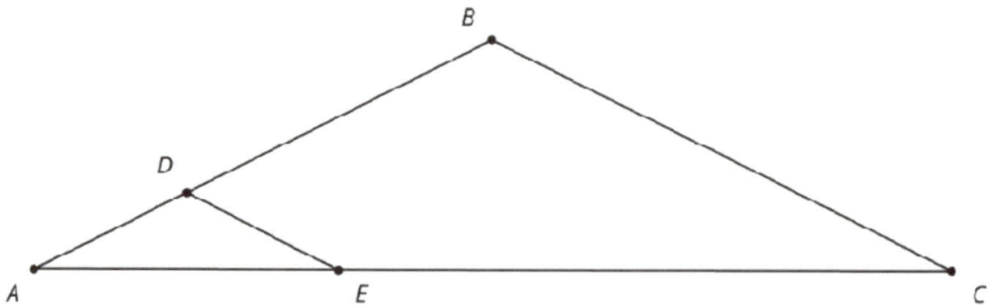

Explain why $\triangle ABC$ is similar to $\triangle ADE$.

simulation

모의실험, 시뮬레이션

뜻 실세계의 사건에 대한 확률을 추정하기 위해 수행하는 실험

예 내일 비가 올 가능성이 $\frac{1}{4}$이라면 이를 회전판(spinner) 으로 시뮬레이션할 수 있다. 이때 이용하는 회전판은 오른쪽 그림과 같다.

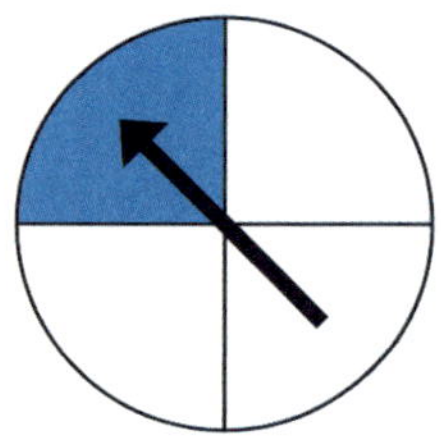

IM

Problem 3

An ice cream shop offers 40 different flavors. To simulate the most commonly chosen flavor, you could write the name of each flavor on a piece of paper and put it in a bag. Draw from the bag 100 times, and see which flavor is chosen the most. This simulation is not a good way to figure out the most-commonly chosen flavor. Explain why.

S

slope

기울기

뜻 직선의 기울기는 직선이 기울어진 정도를 나타내는 값으로, 직선 위의 임의의 두 점을 잡아 $\frac{(y\text{값의 증가량})}{(x\text{값의 증가량})}$으로 계산하여 구한다.

설 명

- 그래프에서 y값의 증가량은 rise, x값의 증가량은 run으로 보이므로 보통 $\frac{\text{rise}}{\text{run}}$로 다루어진다.
- 직선의 기울기는 x값의 증가량에 대한 y값의 증가량의 비율(unit rate)이다. 직선 위의 임의의 두 점을 잡아 증가량을 읽어낼 때 한 점에서 다른 점으로 이동하는 방향이 변하지 않도록 주의해야 한다. 예를 들어, 위 그래프에서 점 (1, 1)에서 점 (4, 3)으로 향하면 $\frac{2}{3}$, 거꾸로 점 (4, 3)에서 점 (1, 1)로 향하면 $\frac{-2}{-3}=\frac{2}{3}$로 일치하지만, x값과 y값의 방향을 달리 하면 부호가 반대가 되기 때문이다.

기 호 그래프 상에서 두 점의 좌표가 (x_1, y_1), (x_2, y_2)일 때 두 점을 잇는 직선의 기울기는 $m=\frac{y_2-y_1}{x_2-x_1}$

예 일차함수의 그래프인 다음 직선의 기울기는 직선 위의 임의의 두 점에서 $\frac{(y\text{값의 증가량})}{(x\text{값의 증가량})}$을 구하면 $\frac{2}{3}$이다.

S

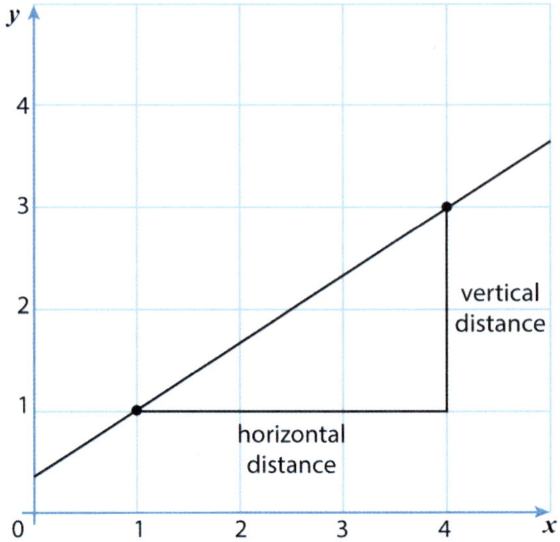

IM

Problem 3

The figure shows two right triangles, each with its longest side on the same line.

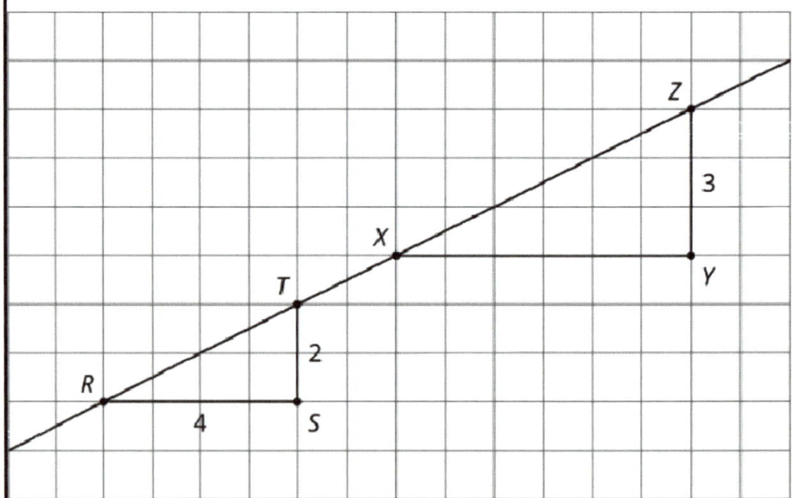

1. Explain how you know the two triangles are similar.
2. How long is XY?
3. For each triangle, calculate (vertical side) ÷ (horizontal side).
4. What is the slope of the line? Explain how you know.

solution to an equation

방정식의 해

뜻 방정식을 참이 되도록 하는 미지수의 값

예 일차방정식 $3x+2=8$의 해는 2이다. $3\times2+2=8$이 참이기 때문이다. $3\times(-2)+2=8$은 거짓이므로 -2는 이 일차방정식의 해가 아니다.

IM

Problem 2

Starting at noon, the temperature dropped steadily at a rate of 0.8 degrees Celsius every hour.

For each of these situations, write and solve an equation and describe what your variable represents.

1. How many hours did it take for the temperature to decrease by 4.4 degrees Celsius?
2. If the temperature after the 4.4 degree drop was -2.5 degrees Celsius, what was the temperature at noon?

solution to an equation with two variables

이원방정식의 해

S

뜻 미지수가 2개인 방정식, 즉 이원방정식을 참이 되도록 하는 미지수 값의 순서쌍

예 (3, 4)는 이원일차방정식 $3x-2y=1$의 해가 된다. $3\times3-2\times4=1$이 성립하기 때문이다. (5, 7) 또한 해가 된다. $3\times5-2\times7=1$ 역시 참이기 때문이다.

설 명 하나의 이원일차방정식은 미지수가 2개인 방정식이므로 해가 여러 개일 수 있다. 실제로 그 방정식의 그래프인 직선 위의 모든 점이 해가 된다. 따라서 한 개의 해를 결정하려면 조건이 더 필요하다. 미지수가 두 개일 때는 두 개의 방정식을 제공하여 두 식을 모두 참이 되도록 하는 미지수의 값을 구하는 것이 연립방정식(system of equations)의 풀이이다.

IM

A **solution to an equation with two variables** is any pair of values (x, y) that make the equation true.

We can think of the pairs of numbers that are solutions of an equation as points on the coordinate plane. Here is a line created by all the points (x, y) that are solutions to $2x + 2y = 8$. Every point on the line represents a rectangle whose perimeter is 8 units. All points not on the line are not solutions to $2x + 2y = 8$.

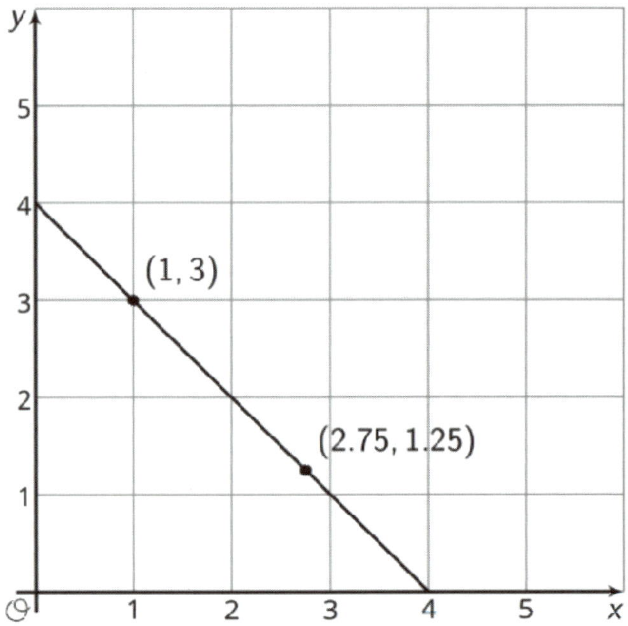

solution to an inequality

부등식의 해

뜻 미지수를 포함한 부등식을 참이 되도록 하는 미지수의 값

예 $3x-4<5$에서 x에 1을 대입하면 $-1<5$로 부등식이 참이 되므로 1은 이 부등식의 해가 된다. 실제로 이 부등식을 풀면 $x<3$이다. 1은 3보다 작으므로 해가 된다.

IM

Problem 2

A sign on the road says: "Speed limit, 60 miles per hour."

1. Let s be the speed of a car. Write an inequality that matches the information on the sign.
2. Draw a number line to represent the solutions to the inequality.
3. Could 60 be a value of s? Explain your reasoning.

speed

속력 [▶ meter per second 참고]

S

뜻 시간에 대한 이동거리의 비율이다.

설 명 대상이 얼마나 빨리 움직이는지 나타내는 방법이다. 1시간에 몇 km를 갔는지 나타내는 단위는 km/h이다. 한편 속력의 단위로 mph(mile/h)가 있다. mile per hour로 1시간에 간 거리를 마일(mile)로 나타낸 속력이다. 1mph=약 1.6km/h

기 호 a km/h, b ft/s (feet per second)

예 자동차 A는 1시간에 60km를, 자동차 B는 1시간에 80km를 달렸다. 각 자동차의 속력은 60km/h, 80km/h이고, 같은 시간에 더 먼 거리를 달린 자동차 B의 속력이 더 빠르다.

IM

1. An airplane moves at a constant speed of 120 miles per hour for 3 hours. How far does it go?
2. A train moves at constant speed and travels 6 miles in 4 minutes. What is its speed in miles per minute?
3. A car moves at a constant speed of 50 miles per hour. How long does it take the car to go 200 miles?

spread

퍼짐 [range 참고]

뜻 자료의 변량들이 어떻게 퍼져있는지를 말한다

설 명

- 통계학에서 자료의 분포를 특징짓기 위해 흔히 center, spread, shape of distributions를 다룬다.
- spread는 range(자료의 범위)와 standard deviation(표준편차)을 이용하여 설명할 수 있다. range는 자료의 전체 spread이므로 자료의 최댓값과 최솟값의 차이다. 표준편차(standard deviation)는 평균으로부터 퍼진 정도를 나타낸다. 따라서 표준편차가 클수록 spread가 더 크다.

예 다음과 같이 점그래프로 나타낸 두 자료에서 아래 자료가 위 자료보다 더 넓게 퍼져있다. 이를 'be more spread out'이라고 표현한다. 더 넓게 퍼져있는 자료가 변이성이 더 크다.

S

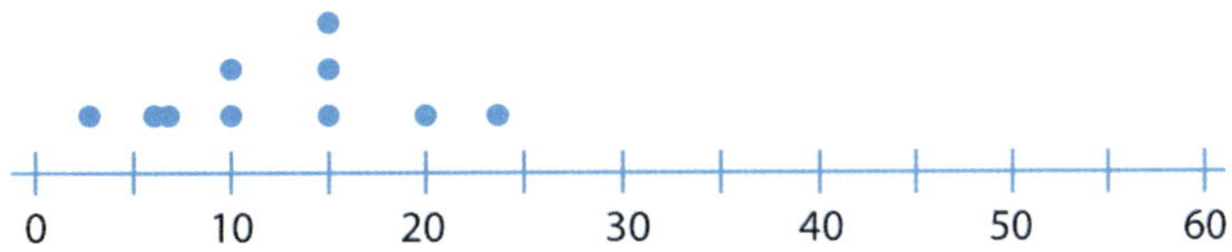

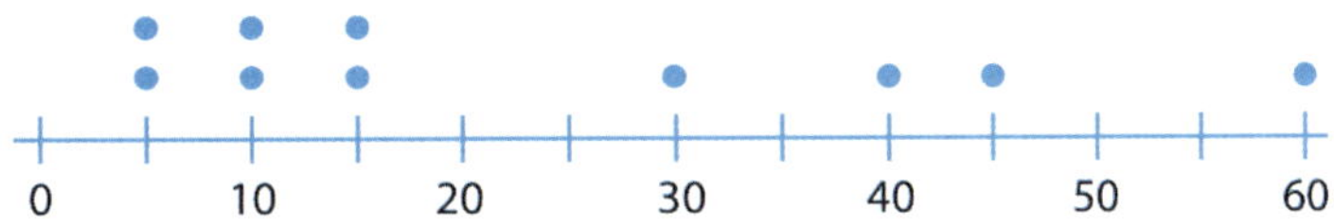

IM

Problem 1

The histogram summarizes the data on the body lengths of 143 wild bears. Describe the distribution of body lengths. Be sure to comment on shape, center, and spread.

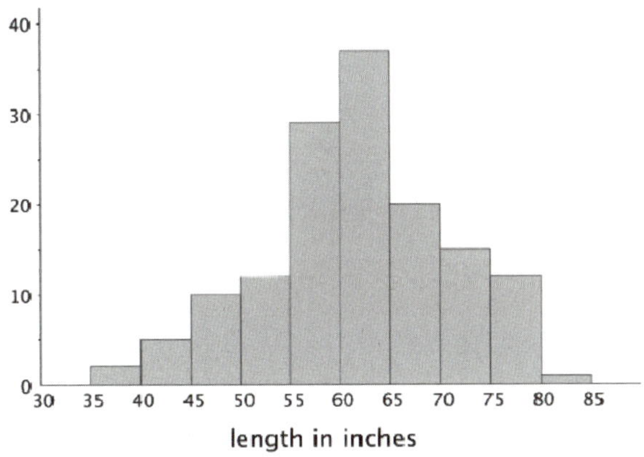

square root

제곱근

뜻 a의 제곱근은 제곱해서 a가 되는 수이다.

설 명

• squared number(제곱수)의 반대이다.

• square는 기하에서 정사각형을, 대수에서는 제곱을 의미한다. a의 제곱은 한 변이 a인 정사각형의 넓이에, a의 제곱근은 넓이가 a인 정사각형의 한 변의 길이에 해당한다.

기 호 제곱근 a는 다음과 같이 나타낸다. 이 기호를 근호(radical symbol)라 한다.

$$\sqrt{a}$$

예 $\sqrt{4}=2$

그러나 $2^2=4$, $(-2)^2=4$이므로 4의 제곱근은 2와 -2이다.

IM

What two whole numbers does each square root lie between? Be prepared to explain your reasoning.

1. $\sqrt{7}$
2. $\sqrt{23}$
3. $\sqrt{50}$
4. $\sqrt{98}$

S

straight angle

직선각 [▶ right angle 참고]

뜻 각의 두 변이 직선을 이루는 각

설 명 직선각의 크기는 180도이다.

시각적 표현

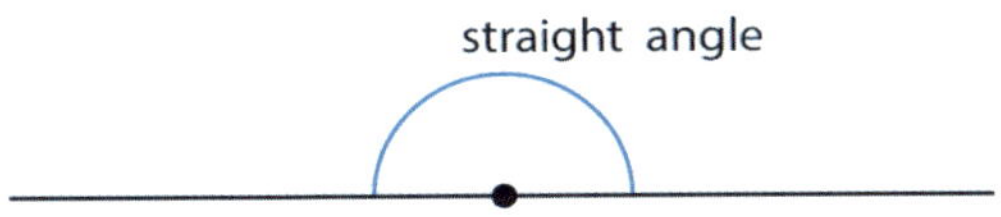

IM

Problem 2

An equilateral triangle's angles each have a measure of 60 degrees.

1. Can you put copies of an equilateral triangle together to form a straight angle? Explain or show your reasoning.
2. Can you put copies of an equilateral triangle together to form a right angle? Explain or show your reasoning.

system of equations

연립방정식

뜻 공통의 해를 가진 둘 이상의 방정식으로, 연립방정식에는 둘 이상의 미지수가 포함된다. 연립방정식을 푼다는 것은 모든 방정식이 참이 되도록 하는 미지수의 값을 구하는 것이다.

설 명 한국에서는 연립방정식의 영어 표현을 simultaneous equations라고도 하지만, 미국에서는 자주 사용하는 표현은 아니다.

예 다음 문장제는 연립방정식을 세워서 풀 수 있는 전형적인 문제이다.

Tickets for the class show are $3 for students and $10 for adults. The auditorium holds 450 people. The show was sold out and the class raised $2750 in ticket sales. How many students bought tickets?

S

입장료가 학생은 3달러, 성인은 10달러이고 450 좌석 매진에 2750달러를 벌었다는 조건으로부터 다음과 같은 연립방정식을 세워 풀 수 있다.

입장한 학생의 수를 x, 성인의 수를 y라 하면

$$x+y=450$$
$$3x+10y=2750$$

IM

Problem 2

Decide which story can be represented by the system of equations $y=x+6$ and $x+y=100$. Explain your reasoning.

1. Diego's teacher writes a test worth 100 points. There are 6 more multiple choice questions than short answer questions.
2. Lin and her younger cousin measure their heights. They notice that Lin is 6 inches taller, and their heights add up to exactly 100 inches.

supplementary angles

보각

S

뜻 더해서 180도가 되는 두 각을 말한다.

설 명 맞꼭지각(vertical angles)의 크기가 같음을 증명할 때 보각을 이용하여 간단하게 설명할 수 있다.

그림에서 각 a와 각 c가 보각이고, 각 b와 각 c도 보각이다.

즉 $a+c=180$

$b+c=180$

따라서 $a=b$

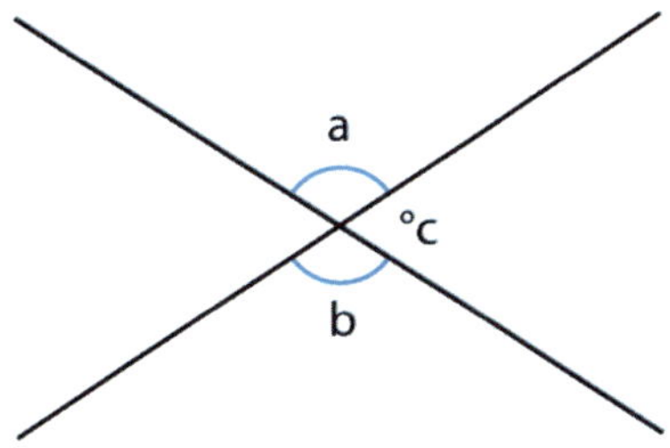

예 130도와 50도는 보각이다.

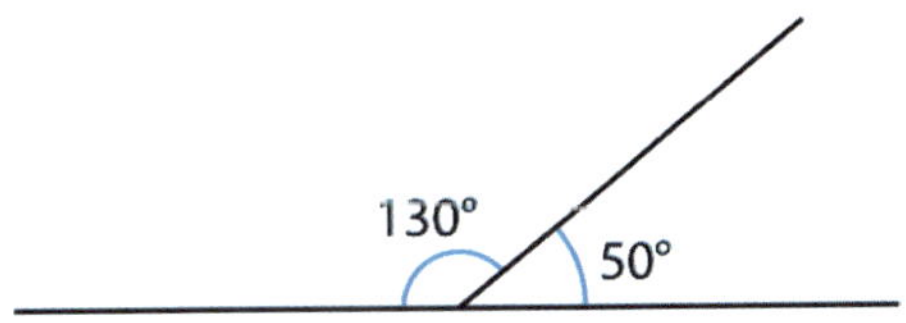

IM

Problem 1

Angles A and C are supplementary. Find the measure of angle C.

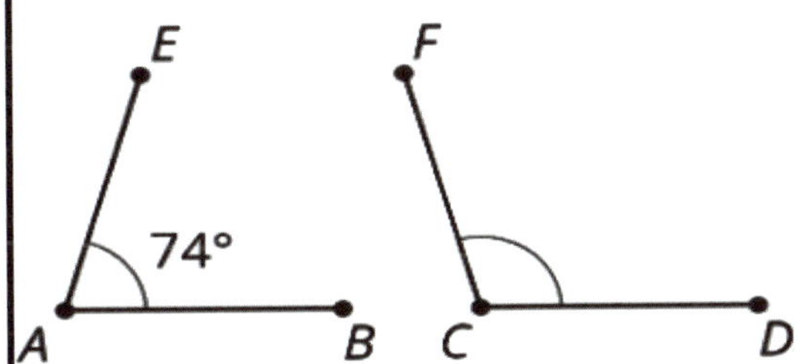

surface area

겉넓이

뜻 입체도형의 표면의 넓이이다.

예

- 한 모서리가 3cm인 정육면체의 겉넓이는 $54cm^2$이다. 한 면인 정사각형의 넓이가 $9cm^2$이고, 합동인 정사각형 6개로 이루어져 있기 때문이다.

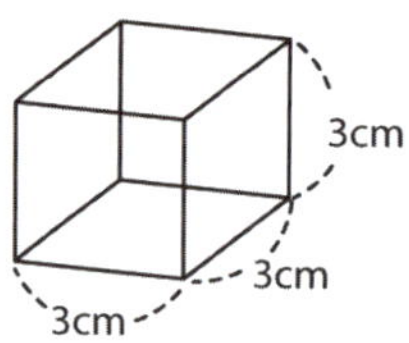

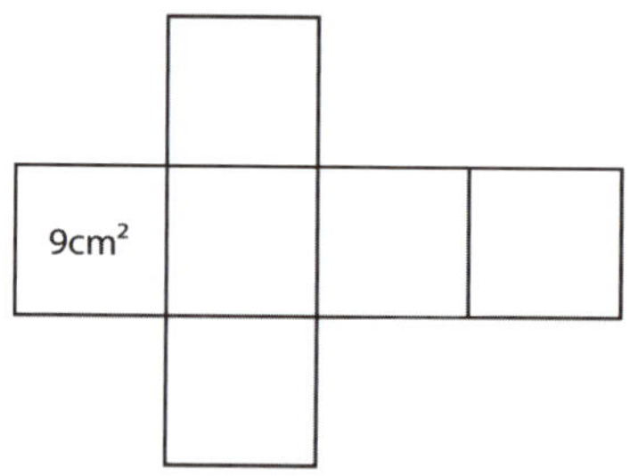

- 원기둥의 겉넓이를 구하려면 원기둥의 전개도에서 다음 그림과 같이 옆면의 가로가 밑면인 원의 둘레, 세로가 원기둥의 높이인 직사각형이 된다는 것을 파악해야 한다.

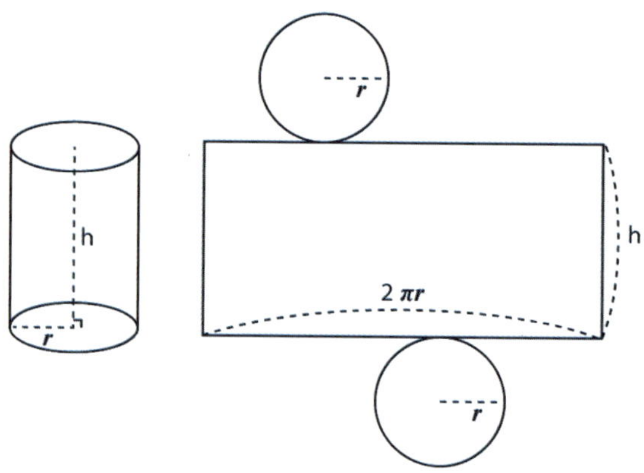

(원기둥의 겉넓이) $=2\pi r^2+2\pi rh$

S

IM

Problem 3

Which figure has a greater surface area?

A

B

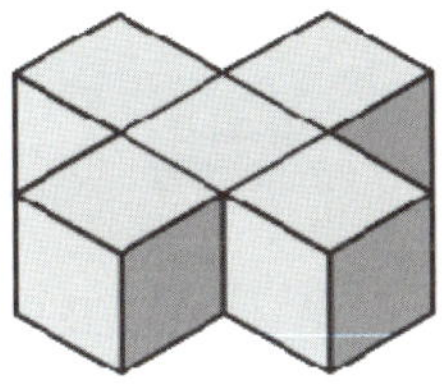

S

T

table

표

뜻 정보를 행과 열의 형태로 정리한 것이다.

설 명 표의 제1열 또는 제1행은 표에 쓰인 수가 무엇을 나타내는지를 적는다.

예

pet	tail length (inches)
dog	22
cat	12
mouse	2

이 표는 개, 고양이, 쥐의 꼬리 길이(inch)를 정리한 표이다.

IM

Problem 1

The table shows the number of apples and the total weight of the apples.

number of apples	weight of apples (grams)
2	511
5	1200
8	2016

Estimate the weight of 6 apples.

tape diagram

띠 다이어그램

뜻 양 사이의 관계를 나타내기 위해 양의 크기에 비례하여 직사각형 모양을 배열한 다이어그램이다.

예 쌀 30kg과 밀 50kg의 관계를 다음과 같은 띠 다이어그램으로 나타내어 쉽게 비교할 수 있다.

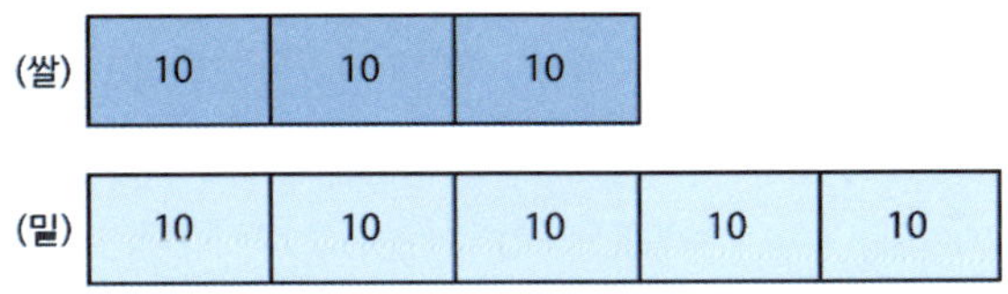

IM

Problem 3

Andre wants to save $40 to buy a gift for his dad. Andre's neighbor will pay him weekly to mow the lawn, but Andre always gives a $2 donation to the food bank in weeks when he earns money. Andre calculates that it will take him 5 weeks to earn the money for his dad's gift. He draws a tape diagram to represent the situation.

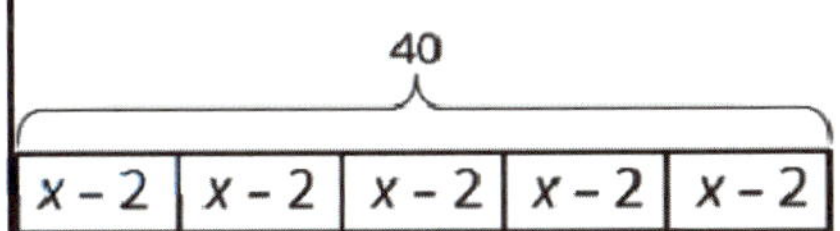

1. Explain how the parts of the tape diagram represent the story.
2. How much does Andre's neighbor pay him each week to mow the lawn?

term

항

뜻 식을 구성하는 요소로, 숫자 또는 문자의 곱이 하나의 항을 이룬다.

설 명 하나 또는 둘 이상의 항이 덧셈으로 연결되어 구성된 식이 다항식이다. 특히, 하나의 항으로 이루어진 다항식을 단항식이라 한다.

예 $2x+4$는 2개의 항으로 이루어진 다항식이다. $2x$와 4가 항이다.

IM

term
A term is a part of an expression. It can be a single number, a variable, or a number and a variable that are multiplied together. For example, the expression $5x+18$ has two terms. The first term is $5x$ and the second term is 18.

tessellation

테셀레이션, 쪽매맞춤

T

뜻 반복 패턴으로 평면을 겹치지 않고 틈새 없이 매우는 것을 말한다.

설 명 하나의 정다각형으로만 테셀레이션을 꾸밀 때 가능한 정다각형은 정삼각형, 정사각형, 정육각형이다. 각각의 한

내각의 크기가 60도, 90도, 120도이므로 한 점을 중심으로 각각 6개, 4개, 3개의 정다각형이 겹치지도 않고 틈도 없이 채워질 수 있기 때문이다.

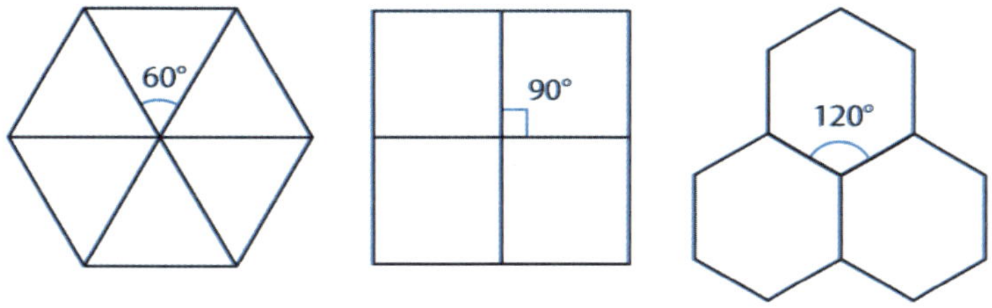

네덜란드 화가 Escher는 이 기법을 이용하여 다양한 예술 작품을 완성하였다.

예

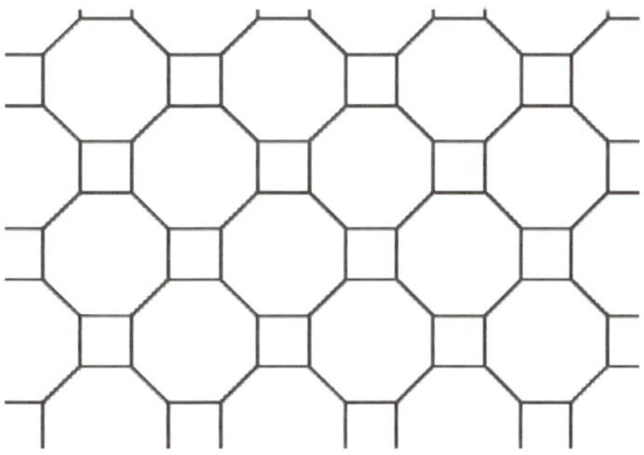

IM

1. Pick one of the figures and describe the tessellation. Your partner will identify which tessellation you are describing. Then trade roles so your partner describes the tessellation and you identify the figure.

T

transformation

변환 [▶ translation, rotation, reflection, rigid transformation, dilation, similarity transformation 참고]

뜻 합동변환과 닮음변환, 이들의 합성 등이 있다.

평행이동, 회전이동, 대칭이동은 합동변환, 확대나 축소는 닮음변환이다.

IM

Problem 4

Here is quadrilateral $ABCD$.

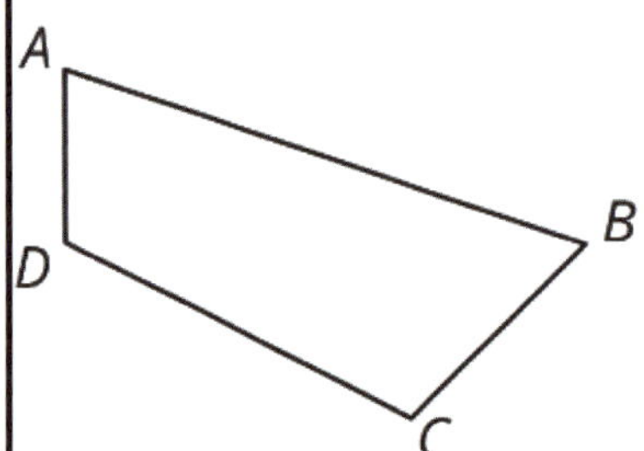

Draw the image of quadrilateral $ABCD$ after each transformation.

1. The translation that takes B to D.
2. The reflection over segment BC.
3. The rotation about point A by angle DAB, counterclockwise.

translation

평행이동, 밀기 [▶ reflection, rotation 참고]

뜻 도형의 모든 점을 주어진 거리만큼 주어진 방향으로 이동하는 것을 말한다.

설 명 평행이동은 도형의 모양과 크기에 변화 없이 위치만 변화시킨다. 평행이동으로 인한 상(image)은 원래 도형과 합동이라는 점에서 평행이동은 합동변환(rigid transformation, congruence transformation)에 해당한다.

예 도형 B는 도형 A를 화살표에 의해 파악되는 거리와 방향만큼 평행이동한 것이다.

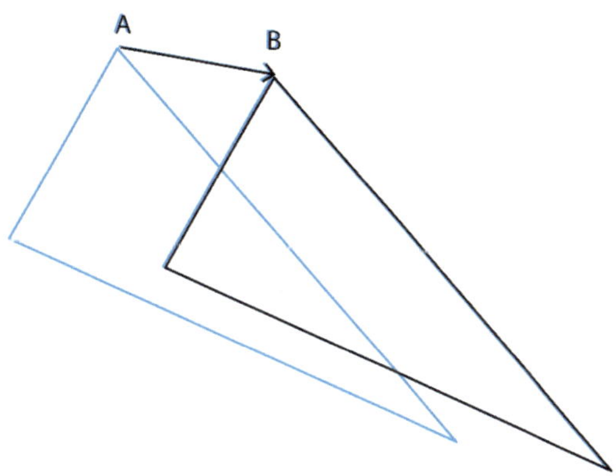

IM

Problem 2

Here is triangle ABC drawn on a grid.

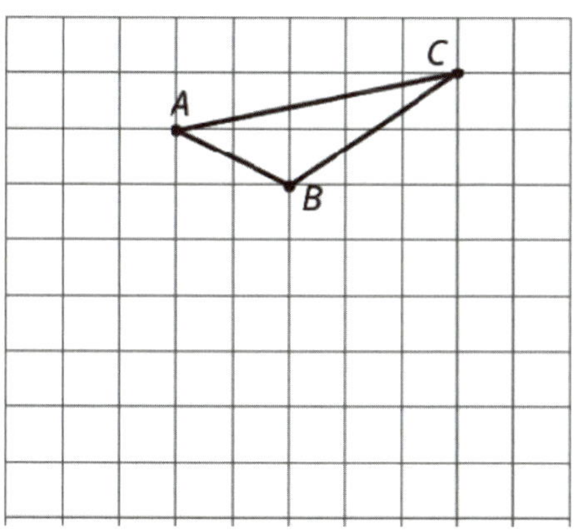

On the grid, draw a rotation of triangle ABC, a translation of triangle ABC, and a reflection of triangle ABC. Describe clearly how each was done.

T

transversal

교차선 [▶ alternative interior angles 참고]

뜻 2개 이상의 다른 직선과 만나는 직선을 말한다.

설 명

- 다음 그림은 평행선 m, l과 만나는 교차선 k를 보여준다. 평행선일 필요 없이 일반적으로 직선들을 가로지르는 직선을 의미하지만, 보통 두 평행선이 하나의 교차선과 만날 때 이루어지는 엇각, 동위각의 크기와 같이 평행선의 성질을 다룰 때 언급된다.

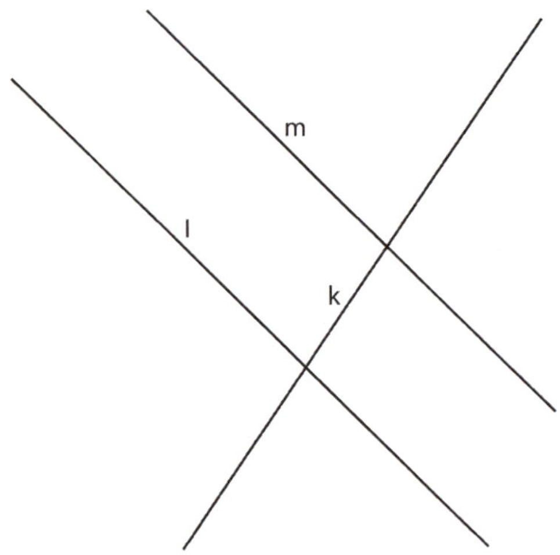

- 두 개 이상의 직선이 한 점에서 만날 때는 만나는 직선을 교선(intersecting line), 만나는 점을 교점(the point of intersection)이라고 한다.

T

IM

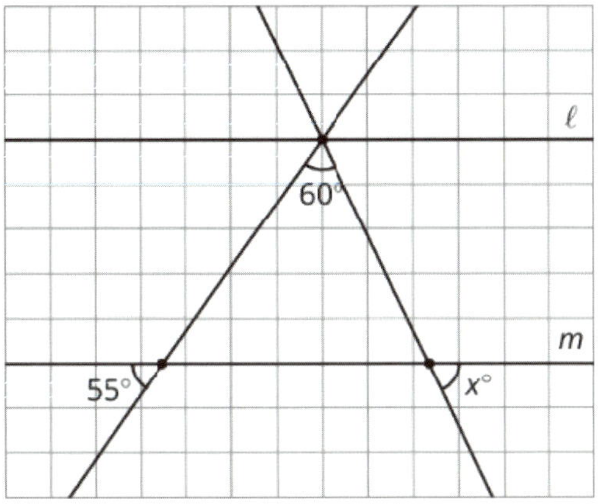

Parallel lines ℓ and m are cut by two transversals which intersect ℓ in the same point. Two angles are marked in the figure. Find the measure x of the third angle.

two-way table

이차원 표

뜻 두 개의 변인에 대한 정보를 가로, 세로로 나타낸 표

설 명 두 변인 중 하나를 가로로, 다른 하나를 세로로 쓰고, 각 칸에 가로와 세로의 범주에 해당하는 도수나 상대도수 등을 정리한다.

예 다음 표에서 두 개의 변인은 성별과 좋아하는 동물이다. 성별에 따라 선호하는 동물의 관계를 보고자 하는 연구 결과로 얻은 표에 해당한다. 남성이 제일 좋아하는 동물은 개이며 26명이 답한 것을 보여준다.

T

	Male	Female	Total
Dogs	26	15	41
Cats	10	22	32
Birds	1	6	7
None	4	2	6
Total	41	45	86

IM

For a survey, students in a class answered these questions:

- Do you play a sport?
- Do you play a musical instrument?

1. Here is a two-way table that gives some results from the survey. Complete the table, assuming that all students answered both questions.

	plays instrument	**does not play instrument**	**total**
plays sport	5		16
does not play sport			
total		15	25

T

U

unit rate

비율 [▶ ratio, rate 참고]

뜻 기준량 1에 대한 비교하는 양으로, 비 $a:b$에서 비율(unit rate)은 $\frac{a}{b}$이다.

설 명

- rate으로 나타낸 $\frac{a}{b}:1$에서 $\frac{a}{b}$가 unit rate이다.
- 속력, 인구밀도, 축척, 농도와 같이 비율로 표현되는 양도 있다. 이때 기준량을 to가 아닌 per 다음에 나타낸다. 왜냐하면 단위량 당 얼마나 되는지를 나타내기 때문이다. 예를 들어, 속력은 단위시간 당 간 거리이고 인구밀도는 단위넓이 당 인구 수이다.

기 호 $\frac{(\text{비교하는 양})}{(\text{기준량})}$

예 우리반 학생 25명 중 4명이 안경을 끼고 있다면, 안경을 낀 학생의 비율은 $\frac{4}{25}$이다.

IM

For each situation, find the **unit rates**.

1. A cheesecake recipe says, "Mix 12 oz of cream cheese with 15 oz of sugar."
   - How many ounces of cream cheese are there for every ounce of sugar?
   - How many ounces of sugar is that for every ounce of cream cheese?

2. Mai's family drinks a total of 10 gallons of milk every 6 weeks.

- How many gallons of milk does the family drink per week?
- How many weeks does it take the family to consume 1 gallon of milk?

3. Tyler paid $16 for 4 raffle tickets.

- What is the price per ticket?
- How many tickets is that per dollar?

4. For each problem, decide which unit rate from the previous situations you prefer to use. Next, solve the problem, and show your thinking.

   a. If Lin wants to make extra cheesecake filling, how much cream cheese will she need to mix with 35 ounces of sugar?
   b. How many weeks will it take Mai's family to finish 3 gallons of milk?
   c. How much would all 1,000 raffle tickets cost?

U

V

variability

변이성

뜻 여러 가지 다른 값을 갖는 정도를 말한다.

설 명

- 자료의 variability를 측정하기 위해 보통 MAD(평균절대편차)와 SD(표준편차)를 이용한다.
- 두 모집단에 대한 비교 추론을 하기 위해 임의 표본으로부터 대푯값(예: 평균)과 변이성을 이용한다.
- 확률에서는 이론적 확률값과 실제 결과 사이의 차이를 말한다.

예 다음 점그래프에서 자료 B가 자료 A보다 변이성이 크다(영어로 표현하면, data set B has more variability than data set A). A는 39, 40등 같은 값이 많이 중복되어 있는 반면, B는 더 다양한 값을 갖기 때문이다.

A B

IM For each of the five statistical questions below, decide if you would answer the question by considering center or considering variability in the data distribution.

Example 1: The records office at an elementary school keeps daily attendance records.

Question 1: For students at this school, what is a typical number of school days missed in the month of April?

Example 2: Suppose that third graders at your school took both a math test and a social studies test. Scores on both tests could be any number between 0 and 100.

Question 2: On average, did the students score better on the math test or the social studies test?

Question 3: Were the students' scores more consistent (more similar to one another) on the math test or on the social studies test?

variable

변수

뜻 수를 대신하여 식에 포함된 문자로, 여러 가지 값을 가질 수 있다.

설 명 두 양의 대응관계를 나타낸 함수식 $y=f(x)$에는 두 개의 변수가 있다. x는 input(독립변수, independent variable), y는 output(종속변수, dependent variable)이다.

예 함수식 $f(x)=2x+4$에서 변수는 x이다. $x=3$이면, 함숫값은 $f(3)=10$이다.

한국에서는 식에 포함된 문자를 방정식의 경우 미지수, 함수의 경우 변수라고 부른다. 이에 비해 미국에서는 둘 다 variable이라고 한다. 방정식 $2x+4=10$에서 x는 variable이지만 학생들의 이해를 돕기 위해 또는 variable을 배우기 전에 unknown이라고 부르기도 한다.

IM

We can write equations to describe the relationship between g and r.

- When we know the number of green apples and want to find the number of red apples, we can write:

  $$r = \frac{5}{3}g$$

  In this equation, if g changes, r is affected by the change, so we refer to g as the **independent variable** and r as the **dependent variable.**

  We can use this equation with any value of g to find r. If 270 green apples are used, then $\frac{5}{3} \cdot (270)$ or 450 red apples are used.

- When we know the number of red apples and want to find the number of green apples, we can write:

  $$g = \frac{3}{5}r$$

  In this equation, if r changes, g is affected by the change, so we refer to r as the independent variable and g as the dependent variable.

  We can use this equation with any value of r to find g. If 275 red apples are used, then $\frac{3}{5} \cdot (275)$ or 165 green apples are used.

vertex

꼭짓점

뜻 다각형, 다면체에서 변과 변, 모서리와 모서리가 만나는 점

설 명 복수는 vertices

예 다각형의 이름은 보통 꼭짓점을 차례대로 붙여 지칭한다.

다음 다각형의 꼭짓점은 A, B, C, D, E이고, 다각형 ABCDE 라고 칭한다.

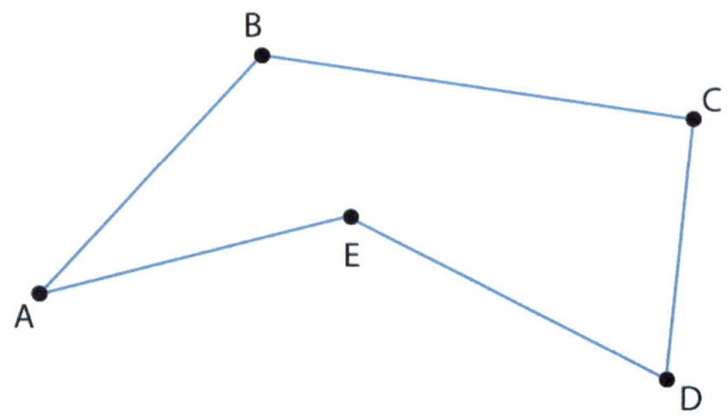

IM

Problem 2

Mark each vertex with a large dot. How many edges and vertices does this polygon have?

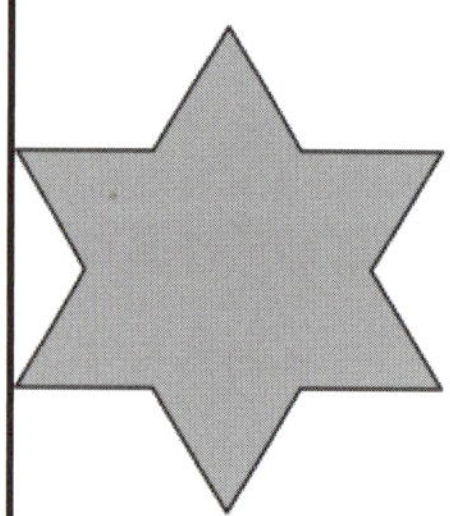

vertical angles

맞꼭지각 [supplementary angles 참고]

뜻 두 직선이 만날 때 교점을 각의 꼭짓점으로 하는 마주보는 각이다.

설 명 맞꼭지각의 크기는 같다.

V

시각적 표 현 두 직선이 그림과 같이 만날 때 두 쌍의 맞꼭지각이 있다. 각 AED와 각 CEB, 각 AEC와 각 DEB이다.

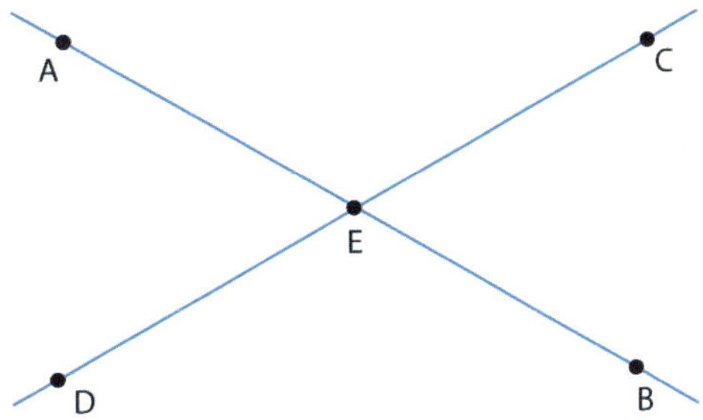

IM

Problem 3 If two angles are both vertical and supplementary, can we determine the angles? Is it possible to be both vertical and complementary? If so, can you determine the angles? Explain how you know.

vertical intercept

세로절편 (y절편)

뜻 그래프가 세로축과 만나는 점의 세로축 좌표

설 명

- 말 그대로의 의미는 수직절편이지만, 보통의 경우 세로축 좌표는 y좌표로 표시하므로 한국에서 사용하는 y절편(y-intercept)에 해당한다. 미국에서는 x, y 뿐만 아니라 다양한 문자를 변수로 사용하는 경우가 많아서 vertical intercept라고 일반화해서 사용한다.
- y절편은 $x=0$일 때의 y값에 해당한다.

V

- 이에 대응하여 가로절편을 horizontal intercept라 한다. 역시 한국에서는 흔히 x좌표라고 칭한다.

예

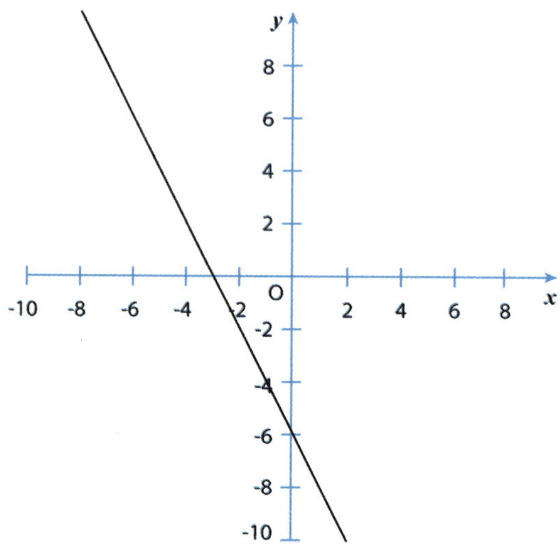

위 그래프의 세로절편(y절편)은 -6이다. 이를 좌표로 나타내면 $x=0$일 때의 y값이므로 $(0, -6)$이다.

IM

Problem 2

Customers at the gym pay a membership fee to join and then a fee for each class they attend. Here is a graph that represents the situation.

1. What does the slope of the line shown by the points mean in this situation?
2. What does the vertical intercept mean in this situation?

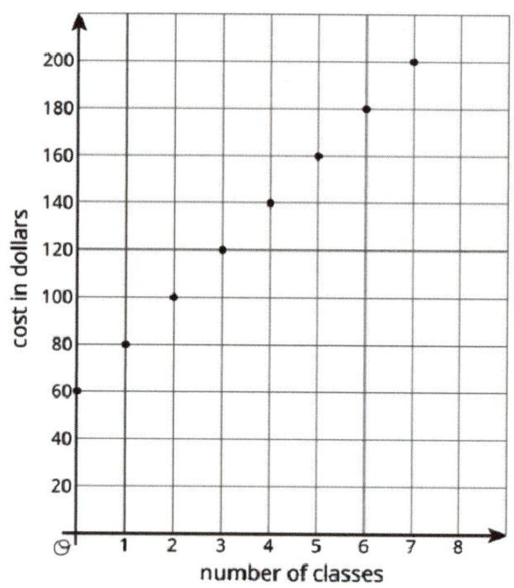

volume

부피

뜻 대상이 공간에서 차지하는 양, 즉 단위부피(cubic unit: 가로, 세로, 높이가 1인 정육면체)가 3차원 공간을 빈틈이나 겹침 없이 메우는 수

예 각기둥과 원기둥의 부피는 (밑넓이)×(높이)로 구한다.

각뿔과 원뿔의 부피는 $\frac{1}{3}$×(밑넓이)×(높이)로 구한다.

구의 부피는 $\frac{4}{3}\pi r^3$이다.

IM

Problem 2

The volume of this cone is 36π cubic units.

What is the volume of a cylinder that has the same base area and the same height?

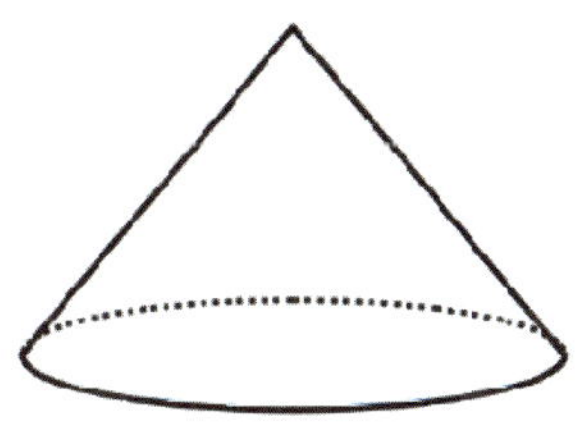

Problem 5

Here is a diagram of the base of a bird feeder which is in the shape of a pentagonal prism. Each small square on the grid is 1 square inch.

The distance between the two bases is 8 inches. What will be the volume of the completed bird feeder?

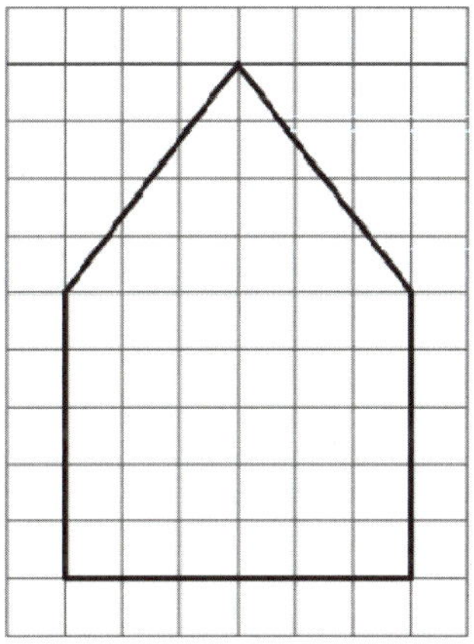

V

[INDEX]

영문

국문

저 · 자 · 약 · 력

장혜원

서울대학교 수학교육과 학사, 석사, 박사
현재 서울교육대학교 수학교육과 교수

이지영

서울대학교 학사
University of Missouri, Columbia 수학 석사, 수학교육 박사
전 캘리포니아 수학 과학 교사
현재 Iowa State University 수학교육과 교수

미국 중학교 교과서에서 사용하는 수학 용어 사전

초판 발행 2025년 5월 20일

지은이 장혜원 · 이지영
펴낸이 오판근
펴낸곳 (주)교우
주 소 서울시 동대문구 약령시로 8 교우빌딩 2층 (주)교우
전 화 02-925-2861 / 팩 스 070-7966-8610, 편집부 02-925-2825
홈페이지&북스토어 www.kyowoo.co.kr / 이메일 kyowoo@kyowoo.co.kr

등 록 1994년 3월 24일 제1994-000013호
ISBN 979-11-251-0415-5 (53410)

Published by Kyowoo Co., Ltd. Printed in Korea

(주) 교우는 보다 혁신적이고 참신한 도서를 다양하게 기획하고 있습니다.
책으로 펴내고자 하는 아이디어나 원고는 메일로 보내주세요.
(주) 교우는 전과정을 책임지고 최선을 다하겠습니다.

값 17,000원

교우미디어는 (주) 교우의 Imprint 사입니다.
수학정원·과학정원은 (주) 교우의 새로운 브랜드명입니다.